设计基础课程改革系列教材

空间与造型

张同　王红江　编著

中国建筑工业出版社

图书在版编目（CIP）数据

空间与造型/张同，王红江编著. —北京：中国建筑工业出版社，2009
（设计基础课程改革系列教材）
ISBN 978-7-112-11010-0

Ⅰ.空…　Ⅱ.①张…②王…　Ⅲ.空间设计－高等学校－教材　Ⅳ.TU206

中国版本图书馆CIP数据核字（2009）第085997号

责任编辑：吴　绫　李东禧
责任设计：张政纲
责任校对：孟　楠　梁珊珊

设计基础课程改革系列教材
空间与造型
张同　王红江　编著
＊
中国建筑工业出版社出版、发行（北京西郊百万庄）
各地新华书店、建筑书店经销
北京嘉泰利德公司制版
廊坊市海涛印刷有限公司印刷
＊
开本：787×1092毫米　1/16　印张：9　字数：224千字
2009年8月第一版　2015年2月第三次印刷
定价：**28.00**元
ISBN 978-7-112-11010-0
　　　（18254）

设计教育发展到现在，有一些问题不得不让我们重新去思考：设计师的思维、方法、技能、修养如何落实到每一门课程的每一课时中，使每个学生通过有效的学习获得实际能力，以致解决理论和形式与实际操作的脱节、知识点与系统能力的分离、学生的知识和能力与进入社会就业的脱节现象？

带着这样的问题，我们把以往的素描、色彩、造型基础、色彩构成、平面构成、立体构成、表现技法、创意表现、设计基础等基础课程内容进行了分析，从以往的教学经验和积累中发现：纯技能的训练往往停留在形式感状态上，纯理论的讲授往往停留在文字概念的理解和认识上，单纯主题内容的训练往往停留在纯粹形式的探索上；技能类的课程一味追求技巧的娴熟掌握，方法类的课程偏重过程的进程和变换手法的把握，创意类的课程追求常规创作流程中的灵感深化挖掘等。现行的设计教育体系易形成理论、形式与实际操作缺乏紧密联系，知识点与系统能力分离，学生的知识、能力体系与就业的要求、实际能力偏离等现实结果。

由此，我们认为：设计师必须具备的每一方面的能力应该贯穿到每一门课程中，在侧重学习不同知识和提高能力的课程中，应该在每个课程内容中都有意识地训练和提升思维、方法、技能、修养四大块的素质与能力。通过各门课程内容中训练课题的实践性操作和学习积累，在亲身体验的实际操作中获得知识和能力同步发展。

有了鲜明的教学改革思路，我们在多次国际专家咨询委员会的交流和启发下，通过探索、实践和积累，在全新体制的学校里探索实践了五年，形成了具有实践意义的"设计基础课程改革系列教材"，即《空间与造型》、《设计形态》、《设计色彩》、《设计素描》、《设计表现》。这五门课程的教学内容取代了以往的近九门课程，围绕设计师必须具备的基础知识和基本能力，既分解又集中地渗透到最基本的概念和主要元素中，从最易起步的认识和学习设计的角度逐步把学生引导到设计的门槛里。

在编辑和执行本套教材的过程中，我们始终围绕如下几点进行探索实践。

（1）针对刚进入设计类专业的学生的素质和能力，及设计师必须具备的素质和能力，以打好扎实基础和培养实践能力为目标。适用专业为：工业设计、环境艺术设计、会展设计、建筑设计、景观设计、公共艺术设计、舞美设计、空间设计、家具设计等。

（2）教学内容将必需的知识点、基本理论、方法和技能、鉴赏素养等融为实际案例和操作训练项目，通过作业的实践性训练，理解并掌握课程内容的基础理论、基本方法和基本技能。

（3）每个训练内容注重将知识点串联到训练课题中，在提高动手能力的基础上逐步提升设计师应该具有的素质和能力。

（4）注重从每个知识点和能力的角度看待设计专业的学习，及从设计师职业的角度看待每个知识点和能力的掌握。

（5）操作训练项目中充分挖掘和启发学生的兴趣点，引导和培养个性。

（6）在讲课、交流、启发、引导等形式的交叉下，使每个课时获得高效的教学效果，即：提高学生的个人能力。

上述内容是我们的探索实践思路，在成书的过程中仍然不断地产生出一些新的问题和想法。所以，成书的目的不是为了展示成果，而是以成书的形式方便大家共同围绕具体内容展开交流和讨论。愿我们的实践能给大家提供参考，并携手推进现代设计教育的改革之路。千里之行，始于足下。

张　同

于复旦大学上海视觉艺术学院

目录

第一章　走进身边的空间设计

一、随处可见的空间设计

1. 空间构成中的常规结构和内容

人们生存的每一个环境构成中，都存在着以长、宽、高三维尺度构成的空间（图1-1），形成以三维坐标为衡量尺度的单纯空间关系。三维关系中某一个尺寸发生变化，将导致空间关系发生变化，这就是单纯空间的概念。生活和工作中丰富多变的空间关系，均来自于最基本的三维构成的变化，从空间关系的形态基础上显示出各不相同的空间形式。

一个空间的形成，无论多么单纯，都从构成的结构关系中表现出一定的层次，空间的结构在空间构成中发挥着骨骼的作用，支撑并形成外观直接感受的空间形态。在日常生活和工作的空间中，会有多个相对独立的个体空间合成。如书房中的学习阅读空间、休闲空间、储藏空间、交流空间等，每个空间的排列次序和层次关系形成整体的结构（图1-2），以个体特征的结构展现出大空间构成的个性。空间结构，在相对封闭的、独立的空间构成中担负着布局的主要作用。不同的布局形成不同的结构，并产生最终的整体空间风格。

空间的界定是以边界划分的，并以其中承载表现的内容为中心（图1-3）。每个空间的存在，表现出的是空间的边界，但这只是外表，空间的存在价值主要在于内容。如餐厅的就餐、备菜、生熟菜区、烹饪、酒吧、服务、账台等，

图1-1　长、宽、高三维尺度构成的空间

图1-2　空间的排列次序和层次关系形成整体结构

图1-3 以边界划分界定空间

图1-4 身边的空间构成

每个内容是空间构成表现的中心。以什么样的尺度关系表现，以什么样的层次关系表现，以什么样的材质关系表现，空间的表现始终是围绕其中的内容特征。空间构成中的内容不仅决定着尺度和层次，更从价值取向上影响着人们的感知水平。

2. 区别认识身边的空间设计

人对身边的空间环境自认为最熟悉。所谓

熟悉，主要是指人的成长过程始终与其相随，对空间环境中的构成内容和特色似乎达到了如指掌的程度，其实不然。人们在工作和生活中不断经历种种空间环境，但往往都会因自认为熟悉而忽略，相处长久后对空间环境会产生感觉疲劳或麻木之感，缺少了感观新发现和激情挖掘。时刻关注身边的空间，就要不断注入敏锐的激情去审视身边的空间，在增长的个人知识与变换的社会潮流的基础上时刻注意空间的构成和发展，从身边增强空间知识和空间表现的阅历。

人们所处的空间环境丰富多彩，始终在不断变化，人们生活在众多空间构成的包围中。个人的书房和卧室空间，相互交流的会议室和会客室空间，大家共享的剧场和商场空间，共同工作的办公室和车间空间等（图1-4），不同的空间构成既是人们生活和工作的依靠，同时也以种种氛围给人以空间艺术的享受。带着认知目标去感受这些空间环境，是从空间设计的专业角度不断学习的重要方法之一。生活和工作的经历既是积累也是创造的基础，能从直接的感受状态上培养空间构成概念和表现手法。

从一个个空间构成中体味不同个性，是努力从比较深的层面上认识空间设计的方法。现实生活中的每个空间构成都是有生命力的，从功能上表现出人对物品空间的依赖，从形式上表现出人对精神空间的依附（图1-5）。不同的空间会因这两方面的作用产生出个性特征，形成影响人们不断追求和更新的实际内容和形式。去体味各个空间构成的不同个性，从表面的富有情感的空间形象中挖掘出表达的内容，从布局的结构中发现内容的规范和特征，以自己的直接使用去感受、领会、评价，使之达到从"认——表面的"到"识——全面的"程度。

图1-5　物质空间和精神空间构成

3. 不同空间构成个性比较

空间构成的个性，与社会发展的进程几乎是同步的。当人们处在满足基本物质需求的时候，空间构成是以功能表现为主的，当人们的基本物质需求达到一定高度时，空间构成会转向与精神作用并重，当人们的主要需求建立在社会审美需求之上时，空间构成会以特殊审美标准展示内容。这是从大的个性特征导向上看。从人的单元个性上看，人们的个性化表现，越来越从社会整体的平行面走向单元化的个体，

从直接的内容表现走向越来越意向的多元化表现。认识空间构成中的个性表现，需要从时代背景、社会特征、个性内容、审美潮流、表现风格等方面进行比较和认知。

比较，能够帮助我们去识别和认知。选择两个空间构成，从中任意选择几个内容进行比对，在相比的基础上进行甄别。如手机和MP4的功能配置，不同文具的空间形态表现，客厅和起居室的空间布局，各种品牌手机的功能形态与操作方式（图1-6）等。通过比较，可以

图1-6　不同的空间功能形态

图 1-7　台灯的平衡可调结构，客厅的人文温馨气息

把相关和不相关的功能、方式、形态引导到不同的空间概念上进行思考，达到多种空间表现形式上的转换比较，学习并形成多向思维的空间表现概念。从广泛的比较中既认识不同空间的表现个性，又从在共有基础上认识空间表现的基本手法。

在比较的过程中获得对结构和内容的真正认识，是学习的目的。空间构成的表现核心是结构和内容。凡是个性强烈的空间构成，其结构特色都非常明显，外表显示出来的形式能充分彰显出其内涵。如台灯的平衡可调结构，客厅的人文温馨气息（图 1-7）。个性特色不仅是单纯的外貌形式，更是内在结构和内容的个性体现。伴随着生活和工作阅历的积累，一直把见识和经历作为珍贵的知识点串联起来，从结构构成特色和内容的丰富表现上比较和积累，是真正认识空间个性的核心。

比较，能够帮助我们时刻清醒地认识每个空间构成，能够从具体和细小的角度掌握空间构成，能够从设计体验的直觉上感受空间实体。

4. 从身边空间构成中提高设计个性认识

一个空间的实体构成中有许多元素，如商场的吊顶和灯具、橱柜、展架、地面、通道、门厅空间等，游乐场的地面设施空间、缆车轨道空间、过道空间等，室内的过道、走廊、门窗、顶棚空间等。每个元素中又可分解出各个细分元素（图 1-8）。分解空间构成，是把大的构成化解成小的具体单元，分析其中的构成结构和组合风格。有的设计外表具有很强的张力，有的设计内在具有丰富的层次，通过分解才能了解种种构成的方法和技能，从而学习和掌握空间设计的基础知识。

有了基本的认识还不够，要从中提升出设计个性特征。平常我们对身边的空间构成会时刻感受到其存在，但对其设计的个性特征容易处于模糊的状态。所以，学习空间设计，需要从分解的基础上提升出各个元素的表现力和表现目的，从总体上汇集出空间的设计个性特征。如旋梯是从支架结构的形态上派生出最强的设计个性，钻石形建造是从外观简洁造型和菱角形构成结构上产生空间设计个性特征（图 1-9）。

图1-8 空间实体中的元素构成

图1-9 空间设计个性特征

图 1-10 户外休闲景观的构成

一个空间个性特征虽然取决于总体构成，但往往都以某个或某几个元素决定形成。提升的过程，是设计师全面分析和敏锐捕捉的过程。提升会帮助设计师从元素的个性表现和特色内容的彰显上提高空间设计能力。

在认识周边空间设计时，不能只做已有设计的奴隶，应该从设计的现实形态中培养自己的直观认识和判断，哪怕是稚嫩的。面对种种空间构成的元素、手段、技能、思路等，在从空间构成中领会到这些东西的同时，尽量以自己的思考去感受，形成自己的思考线和理解，并转换多个视点和思考线去判断，凭借一个空间的构成可以延伸出对设计个性表现力的多重思考，在客体的个性辨别中培养设计师的个性认知力。

把自己的判断与设计个性进行对比，是运用比较的方法衡量自己的认识和理解。通过比较，可以看到个性认识和实际表现上的差距，同时也可以挖掘和启发具有新创意的不同思路。这对主动学习具有积极意义。另外，当一个空间构成成型后，人们在享受成果的同时会慢慢产生疲劳，但难于寻找和提出明确的改进想法，这就需要换个思路去重新认识和评价。善于把自己的个性想法与已经具有的设计个性并列在一起，将会形成具有开拓性的个性认识，激发出似乎"稚嫩"的视点和想法，使身边的空间构成产生出新的活力。

二、从设计师的角度重新进入

1. 不同视角下的空间观

从设计师的角度，面对空间设计，需要从空间构成的各个元素上进入，领会并认识各个元素基础上的不同视角的空间观念。

功能目标中的空间观，是以物质组合目标下的物理作用为空间表现的诉求内容。每个空间构成的第一目标必须具有明确的功能，如户外休闲景观的构成有：步行道、中心广场、隔离区域设置、意向雕塑、相应的活动器械、垃圾箱、无障碍通道等（图 1-10）。不同的物质组合决定形成不同物理作用下的空间功能，每件器物构成的品质和相互之间的关系，决定形成功能目标的水平。为了确保实现最理想状态的空间功能，必须注重于优选各个器物和设计彼此组合的有机关系。

审美风格中的空间观，是从美学的社会意义上谋求尺度美感的表现。空间的美表现于层次和尺度（图 1-11），不同的时代，人们具有不同的审美标准，这就是社会意义上的美感。在一定时代有美感风格的不同追求，契合时代特征和社会审美观念，不断地探讨相对于时代背景和人们感观的尺度表现，从划时代意义和审美价值上开拓美的空间表现，是任何时期空间设计的一贯追求。优美的层次和尺度孕育于时代给予的风格个性。

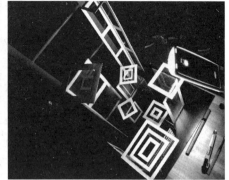

图1-11 空间美表现于层次和尺度

经济价值中的空间观，是以物质造价杠杆和设计手段追求空间的价值表现。在空间构成中，经济价值一般体现于每个部件的造价指标。总体看来，造价越高的空间构成，表现出来的品质也越高，但也有造价不高品质优良的空间表现。所以，空间设计中运用造价杠杆和表现手段，都可创造出令人赏心悦目的设计价值。优良的材质和特殊的设计手段，在物质感观和精神感受上可以推出两种令人叹服的空间品质（图1-12）。

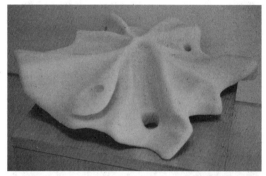

人文风尚中的空间观，是从人类文化内涵的表达上探讨空间的表现元素和语言。每个空间设计中以什么元素构成传递给人们的形象性语言，是空间表现中人文内容的直观体现。空间构成中每个形象呈什么状态，直接与人们的形象认知经验沟通，展现出文化内容的自然个性风格。如室内的家具形象元素、台灯的造型元素、汽车的线形元素等（图1-13），每个形象元素的个性向人们传递着时代性的符号，表达着时代赋予的形象性语言。形象元素是空间设计的特殊语言，如何组织构成，是设计表达的语法结构。选择形象元素，是从人类文化内涵的典型象征角度去表现空间。

图1-12 不同材质和特殊设计手段构成的空间品质

技术内涵中的空间观，是从技术构成的表现上探索空间技术内容的个性形式。空间构成中的技术含量虽然各不相同，但每个技术都追求从直观的个性形式中显示出来（图1-14）。电子芯片的技术再强大，唯有通过技术内容向

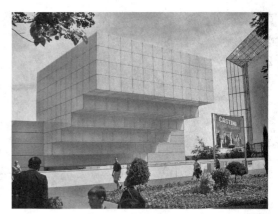

图1-13 空间的表现元素和语言　　　　　　　　图1-14 空间构成中的技术含量表现（1）

图1-14 空间构成中的技术含量表现（2）

外在个性形式的显示，才能得到充分表现。空间构成中的材料、结构、控制、工艺等技术，要把每个内容延伸到人们可以直接接触的认知界面，并化解成与人的视觉、行为、结构等高度吻合的表现形式，从空间的内在构成中渗透出富有感性的形式。

综合目标中的空间观，是基于各个元素的有效表现探讨实现总体目标。空间设计中的总体效应体现于综合目标。从各个方面反映出空间元素的表现力。空间构成中的每个元素担任着不同的角色，并承担着一个独立支撑面（图1–15）。每个元素的作用是不可缺少和不可替代的。它们在实现空间构成的总体目标中表现出不同的活力。注重每个元素的有效表现，是以"步步为营"的方式确保实现总体目标的关键所在。

2. 从设计师视角进入

身处各种空间环境中，从设计师视角进入，是以区别于常人的角度去面对，既是培养习惯性的专业眼光，又是从专业内容上直接剖析出设计手段。

从设计表现主题进入，是沿着主题特征思路认识空间构成。空间构成的主题内容有的显得非常鲜明，有的显得含蓄，有的内容构成丰富，有的直接明了。无论针对什么主题内容构成，外在个性鲜明的方面围绕什么去表现，表现的核心内容是什么，深入进去，可以直接抓住表现主题的核心，获得宏观思考和提炼表现手段两方面的能力。如一个室内风格的主题和一辆车型风格的主题，直入空间表现紧扣的主题，理出设计表现主脉络的结构关系（图1–16）。

从设计表现元素进入，是沿着外在的形式要素认识空间构成。空间构成的外观呈现着多

图1–15 空间构成中的每个元素形成独立支撑面

种和多层次的要素，从任何一点进入，可以在带有一定直感激情的基础上向四周延伸，形成一个个元素作用力的认识，及彼此有效表现的认识。例如：由一个建筑立面元素进入，可以延伸到装饰风格、材料质感、空间互补关系、层次个性等元素的相关表现（图1–17）。个性元素始终是设计师感性捕捉的内容，由此进入，在感受鲜明感性元素特征的同时，把自己的情感融入其中，体会设计的表现力。

图 1-16　室内风格主题和车型风格主题表现

图 1-17　不同设计元素的表现

从满足需求角度进入，是沿着需求的目的认识空间构成。空间构成的目标性很强，以一定标准的功能构成和形式表现吻合人们的需求，是设计的最终目的。每个空间构成中的目标概念非常明确，书房的藏书和读书，休闲椅的躺和靠（图1–18），空间布局尺度和空间关系中直接反映出物质空间与人的关系，具体的需求点在这种关系上可直观地进入，从为何而构成的先决关系走进空间，从而认识空间。

从风格个性表现进入，是沿着个性特征认识空间构成。风格个性是设计师直接追求的形式化内容。风格个性在空间设计中都有显性的表现，微妙层次关系的个性特征、纯粹线条的空间构筑和装饰、立面形态变化的空间布局（图1–19）等，一个空间表现最让人为之所动的是外部显示出来的风格个性，沿着个性特征可以直接进入空间表现的核心思路，并逐渐发现各个元素承担的角色和表现技能。

3. 提升空间分析能力

空间布局是排布空间主题表现的结构，从中可以看出主题风格的表现力。面对各个空间的构成，理解并分解布局，一部分一部分地对应到主题内容的表现上，是从空间结构的关系和内容分解上提升空间的分析能力。一个普通的图书馆空间，布局的结构点和内容的表现点汇聚在哪里（图1–20），从中寻找理性关系和感性表现形式的聚焦点，通过实体空间构成的

图1–18 满足需求的空间构成

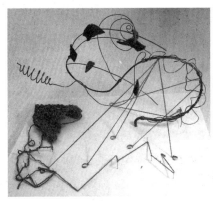

图1–19 风格个性表现的空间构成

图1-20 空间布局的结构点和内容的表现点

图1-21 空间层次的细节内容表现

思考和对比获得提升。

　　空间层次是细节内容表现的依附，以直观的形式体现出设计品格。每个空间构成中的结构往往以不同的层面关系表达，电话键盘的功能分组，计算机界面的画面切换连接，室内器物组成的不同功能空间区域（图1-21）等，每个具体空间在空间氛围中具有丰富的细节内容，以外界直接感受的形式形成相互依存、直观明了的层次关系。从层次的概念上切入空间构成，是从系统构成的反方向结构上思考和分解空间构成，从级级依附和共同组构的关系上提高空

间的分析能力。

　　空间元素的运用和表现，在每个空间实体中都有不同的个性显示。平常的直观感受可从具体的表现手法上进入分析，收获会远远超过表面的认识。同样的元素，在不同的空间主题表现和空间位置中，产生的设计效果会有很大差别。这就是元素运用的作用。立面虚和实的形态，室内的桌椅、门套和顶棚装饰（图1-22），每个个体元素在空间限定表现中发挥出的作用力已经远远超过原来的状态。从整体空间构成中看各个元素的生命力表现，在于从其中领会

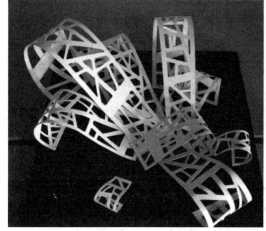

图 1-22 空间元素的运用和表现

元素间构成的相互关系，从空间关系中认识和探索元素的丰富表现力。

每个空间构成都会给人以总体感受，起居室的温馨感、地铁车厢的安全感、计算机界面的操控感等。从总体感受中寻找最突出的手段，是习惯于从看似平常的感受中提升出决定形成感受的具体手段。花瓶空间的巧妙分割手段，手机功能结构分布的手段等（图 1-23），一个空间构成中最容易让人感受到的设计手段，是支撑这个设计的灵魂。从空间中寻找设计的主要手段，是锻炼对实体的分析能力及积累表现技能的最好方法。

4. 敏锐感受中的重新设计思路

敏锐感受，是设计师的基本素质和重要能力之一。使敏锐感受成为习惯，是设计师在成长中刻意培养的重要内容。现代生活和工作中的空间构成非常丰富，伴随着一天天经历的过程，对身边的空间构成应该有快速的感受、认识、询问、思考等反应，并形成自然的生存反应。这是设计师区别于其他行业岗位的特殊要求。关注、好奇地观察身边的每一个空间，善于发现奇特的空间现象，从常规空间构成中联想出丰富的内容，把不可能的空间物象联系起来思考等，时刻以敏感的体察力、锐利的洞察力面对周围的一切。

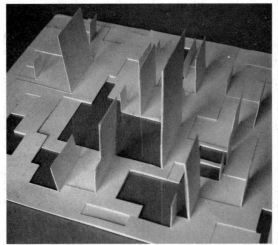

图 1-23　空间分割手段

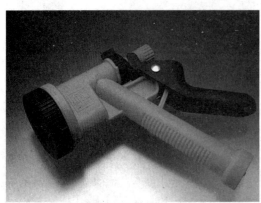

图 1-24　在敏锐感受基础上去思考问题

伴随着敏锐感受的程度，善于不断地提出问题，是展现设计思考的具体表现。人的感受是看不见摸不着的，思考的东西如果不即刻加以推进，很快就会飞云即逝。普通的感受可以通过提问向深度思考发展，深刻的感受可以通过提问向创新思路上发展。在感受一个手动工具空间功能的同时，思路可以在使用方式、结构、界面、造型、审美形态等方面进一步深化，有新见解的思考是在具体空间启发、刺激下的加速运动（图 1-24）。始终以好奇的状态接触空间构成，在许多方面容易形成新的思考点，培养出善于提出问题的能力。

从提出问题到改变现实的思路，是设计师能力的一个飞跃。针对任何空间构成，提出问题是比较容易的，提出有质量的问题比较难，针对问题拿出改变现状的思路是最难的。这恰恰是设计师应该具备的责任和能力。突破这一点，要从空间构成的本质目标与问题契合点的一致关系上寻找差异内容，有了差异内容，改变现实的思路就自然有了明确的方向。当自己对办公桌的空间要求提出问题时，在此基础上再寻找到差异内容（图 1-25），改变现实的思

图 1-25　在提出问题的基础上寻找差异内容

图 1-26　亲身体验身边的每个空间

路就有了可靠的基础和方向。

　　用再设计实验自己的想法，是显示设计师职业能力的具体表现。"再"的概念是依据新的思路，在原有的基础上保留优秀的元素和内容，不拘泥于任何框框条条的束缚重新设定。对以往优秀的和一般的空间构成都采取这种态度进入，会培养出勇于挑战、承担责任、实现使命的空间设计能力。现实的状态再优秀都将是过去，生命力的限定规律都会使其淘汰。感受中的判断是提出实验性想法的基础，运用具体的空间元素使其成为新的设计方案，是从感受中敢于提升想法，并探讨实践效果的最好手段。设计师需要培养自信，更要从平常的素质与能力提升中赢得自信和认同。

三、直观感受和理性调查

1. 直观感受体验

　　亲身体验，是设计师必须努力去做的。直观的感受比任何间接资料和理论来得更加真实和直接，并在参与中以感性互动形式达到最佳效果。人的一生会经历无数个从身边擦肩而过

的空间构成，每经历一个，哪怕是短暂的时间，都要尽可能地把自己融入其中，以亲身亲为的方式去体验每个空间给予的实惠（图 1-26），功能布局的，行为方式的，人文因素的，技术构成的，审美潮流的等。亲身体验是设计师必须刻意注重的积累行为，体验的面越广，越能

图1-27 细节品鉴不同的设计手段和方法

从空间构成的个案中获得多层面和多方向的直观启发与设计知识。

细节品鉴，是亲身感受中的技术性要点。俗话说：外行看热闹，内行看门道。细节品鉴就是所谓的门道。空间的分割，形态关系，元素选择和表现，结构特征，色彩搭配，材料质感等（图1-27），各个细部的具体表现，是每个空间构成中个性化表现的分解承载，展现着细腻的设计手段和方法，设计创意越具有特色，细节方面越显示出精致的处理手法。"品"是学习和提升，"鉴"是分析和区别，学习和分析不同的细部设计，是从各个分解的设计单元深入感受空间构成。

对总体感受进行描述，是直观感受体验后的又一次提升。接触空间构成后形成的感观或想法往往是随机感应性的，从由感而发到由感而思，虽然表现出超过常人的深度，但仍然容易停留在表面或局部内容上。把各个单元的、局部的内容汇聚到空间构成的总体感受层面上，进行总体概括性的描述，这个过程将提高和培养从局部到宏观的整合力、从元素到整体个性的表现力。把平常感受进行有意识的提升表述，意义已经超过描述的内容，而是培育设计师提炼概括与延伸表述的能力。

2. 理性分析与调查

理性分析与调查，是依据理性结构认识空间构成。具体可从下面四个方面进入。

明辨设计源由和目标。每个空间构成的源由和目标来自于两个方面，一是功能作用，二是精神作用，两者浑然一体。设计的内容和形式为何而成，为何而变，一定有着不可随意而动的源由和目标。试比较十个饭店，彼此间的空间布局源由有：品牌性格，产品品种，相关文化元素，情节和手段，人流动线，时尚元素特征，材料质感等。建筑、产品等内容同样如此（图1-28）。各个专题内容的设计之所以不同，完全来自于自己的特殊源点，汇聚表现于几个形式化的元素和内容，形成不同目标的设计定位。依据设计过程的始点和设定的终点弄清这些源点和目标，是从整体结构上把握设计的中心脉络。

拆解分析设计结构。空间构成个性表现的具体内容依附于设计结构，理出结构关系，并进行拆解分析，可使空间构成的表现呈现出清晰的脉络。从整体上可根据逻辑关系分解出大的脉络，从局部关系上可依据构成原理分解出小的脉络。拆解分析，是要从大的构成中寻找到多个相互联系和支撑的个体形式和内容，并罗列出层层相连的结构。面对一个户外景观空间或产品结构的构成，在直观感受的基础上更要从理性的结构关系上分解（图1-29），既可掌握到空间构成的清晰脉络，又可解析出各个表现元素的位置和手法。

平行类型的设计比较。社会构成中的空间构成丰富多样，但在事物构成的规律上具有大致相同的类型。依类设立比较，依类设级别比较，是建立理性的层级关系，从中可以学到多个空间构成特色的把握与控制力。例如：相近功能和价格的水龙头，同样面积、不同个性风格的客厅，同龄人青睐的轿车等（图1-30）。无论在哪一点上划一个平行类型，比较彼此间的形式化内容构成，都可把设计师的视野和观念拉到比较宽广的境界，并在积累中提升空间设计的水平。

需求和时代风格调查。身边的空间构成虽然在相对时期内不会变化，但人的需求时刻在变，从身边的一些现象中反映出来。如居室内软装饰的变化，家具空间布局的变化，随生活

图1-28 明辨设计源由和目标

图1-29 从理性结构关系上分析设计结构

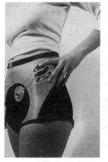

图 1-30　比较平行类型的设计

图 1-31　关注需求和时代风格

细节要求的产品配套选择和变化等（图 1-31）。需求会给空间设计的发展注入新的要素，一旦形成社会层面的大多数人的追求，就自然地成为时代代表性的风格。所以，捕捉需求和时代风格，更多的是基于现实空间构成的状态去提取和调研，关注人们在使用每个空间构成中的行为性变化，有哪些突破现实空间构成的行为，并把每个行为归纳到社会层面上分析。这样的理性调查可以基于现实行为延伸出空间构成的新型发展思路。

3. 体验积累空间设计经验

在接触各个空间实体的过程中，积累设计经验，主要注重两个方面：主题表现感受和设计元素表现手法。

设计一旦形成，真正的价值体现于客体的感受如何。空间构成中所表现的主题内容，通过不同元素形成的边界作用于人们的感受，色彩与造型形成的视触觉感受，操作流程形成的使用感受，尺度形成的体量交互感受（图 1-32）等，种种感受反映着空间构成主题的价值认同水平。设计师的感受既敏感又有深度，在平常的生活和工作中刻意地去经历各种空间构成给予我们的感受，是在培养感性体验的同时，从中积累主题表现意向与实际效果的认同水平。主题表现感受的积累，是从别人的设计实践中快速学习的捷径。

空间构成的形成是总体元素之和的形成，其中表现出来的个性特征，一般都集中于某个或某几个元素运用的独特性。以色彩的绚丽表现形成的家具欢快空间，以充满浪漫情感的淡紫色和异形表现形成的灯具产品空间，以材料质感和人机因素要求而设计的座椅结构等（图1-33），设计元素的特定手法运用，给予了某个空间形态的个性表现语言。努力从每个空间构成中发现和积累个性化的表现手法，区别和鉴别各自不同的表现手段，通过积累学习和掌握元素表现技能，不断提升设计眼力和设计实践的经验。

图 1-32　体验设计中的各种感受

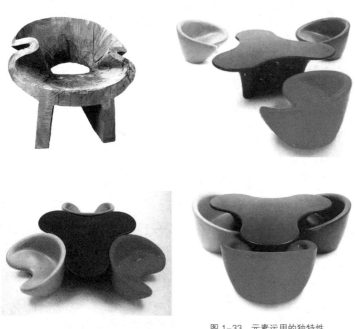

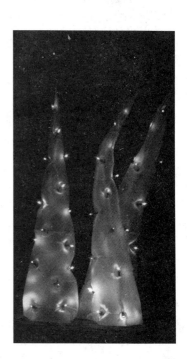

图 1-33　元素运用的独特性

4. 调查报告的结构和表达方式

设计调查，是把感受和理性总结结合于一体的学习方法和有效手段。针对典型设计案例设定调查研究内容，以调查报告的形式完成，是走进空间设计、学习空间设计的最佳方法。一份好的调查报告，需要注重下面四个方面工作的设定与展开。

调查报告的结构，是依据典型案例的内容特色而设。每个空间构成因内容不同而形成自身的结构。一般情况下，调查报告的结构依次设为以下几个方面：

功能主题——总主题核心内容构成。

功能条件——有关面积、体量、使用方式、使用对象等方面的限定。

价值设定——社会经济价值等方面的定位。

功能布局——功能配合方面的分配。

区域划分——结构模块方面的设计。

结构特征——结构方面的特色。

元素构成——各个元素使用的比例、地位、配合关系等。

元素表现手法——每个元素的表现手法。

材料质感构成——使用的材料和质感设计手段。

使用的方式方法——使用和操作方式方法方面的设计。

审美表现——美感表现方面的特色追求。

风格个性特征——以什么形成个性风格特征?

尺度表现——各个关键结构方面的细部设计。

提出问题——在小结该设计的基础上，自认为存在的问题。

拟解决问题的思路——针对问题解决的思路。

……

调查方法，是根据设计案例的构成结构而设。调查方法要根据适时、主题明确、易操作、易统计的原则选择使用。一般情况下的调查方法如下：

专题小组讨论——设定专题，选择有关对象代表，以小组形式展开主题引导性讨论。

随机访问——设定专题，根据选定的对象范围进行提问式交流。

问卷调查——设定专题问卷，根据选定的对象进行一对一的问卷调查。

专题访谈——设定专题和典型对象，进行专题引导性交流。

实地测量考察——携带测量工具到实地测量考察。

实地访谈——设定专题，到实地选择对象进行主导性访谈。

实地记录采集——携带记录采集工具，到实地进行限时资讯性采集。

过程观察采集——携带采集工具，到实地进行观察和采集资讯。

……

调查表格设计，是基于设计案例的表现结构和手段而设。调查表格的设计要十分注重问题提出形式鲜明、层次分明、概念准确、操作简便、便于统计。一般情况下按类设计如下调查表格。

概念判断类——设定准确、直白的多级别递进概念提供选择。

系数判断类——设定准确的多级别递进系数提供选择。

等级层次选择类——设定一定跨度的等级递进层次提供选择。

直观形象选择类——设定多种代表性直观

形象提供选择。

意向描述类——设定多级代表性意向提供描述填写。

图表曲线选择类——设定多种归纳出的图表曲线提供选择。

现场结构采集类——梳理出结构关键点，到现场运用采集工具进行数据、形象采集。

……

调查报告的表达方式，是从典型案例的内容特色和结论诉求等方面而设。一般情况下调查报告的表达方式如下。

书面形式——以精练文字、图表、数据模型等鲜明、简洁方式集合形成书面报告。

PPT 形式——以核心概念文字、图表、数据模型等鲜明、简洁方式集合形成 PPT 报告。

模拟现实形式——以图像演示、核心概念配音解说等鲜明动态方式形成演示报告。

版面展示形式——以精练文字、图表、数据模型等鲜明、简洁方式集合形成版面展示报告。

……

四、课题训练

根据自己的爱好和条件，从下列内容中任选一题展开：

（1）家庭中某一居室空间调查分析；

（2）某一专卖店商业空间调查分析；

（3）某一品牌展示空间调查分析；

（4）生活或工作中一种产品构成的调查分析；

（5）户外某一公共空间的调查分析。

作业提交形式和要求（A4 书面纸装订）：

（1）形成书面调查报告一份；

（2）调查报告的结构反映设计内容的大致结构构成；

（3）调查成果反映出运用一定的调查方式方法；

（4）调查报告的完善程度。

第二章　空间的概念

一、空间的基本概念

1. 空间的视觉感知

人的认知信息，有 80% 以上来自于视觉，空间的表现虽然以体量尺度表达出真正的个性特色，但视觉的第一导入作用在其中发挥着非常重要的作用。三维尺度的空间在人的视觉作用中，各个元素的不同运用，在人的视觉感受中具有另外一番表现意义。视觉认知中形成的透视、层次、景中景、虚实（图 2-1）等关系，是空间构成给予视觉的特殊感受，是其他表现难以比拟的。

空间构成在人的视觉感受中展示着丰富、多变的形态，每个元素在其中尽情地表现。色彩的绚丽或宁静，线条的延伸或层叠，块面的封闭或渐层，质感的淳朴或精致等，通过元素表现技巧的运用，可以产生许多实体体量与视觉感受有所差异的空间构成，在视觉上形成视错感的特殊空间表现形式（图 2-2）。同样尺度的空间，可以运用元素的不同表现，产生视觉

图 2-1　空间的视觉感知内容

感知上的开阔或纵深感、崇高或欢快感。

在空间设计中，满足使用者的视觉感知是第一要点。人对物的判断的第一感觉是视觉基础，视觉感知的满足是基于先入为主的认知规律决定后面的感性判断。空间构成中的每个元素从最直接的外表形成视觉感知个性，物的形态识别、布局体量关系的识别、层次结构的识别、尺度比例识别、色彩美誉度的识别、文化符号和技术特征的识别（图2-3）等，空间元素的

图2-2 空间构成中的元素表现

图2-3 满足视觉感知的空间内容

图 2-4　从二维到三维的过程感受

每个外在界面直接作用于人的视觉感知，并汇聚成总的认知。

2. 空间的实体感知

人对空间实体的感知，是基于从二维到三维的过程感受。当人身处在一个空间构成中，最直观的感受是来自于身边，左右、上下、前后的基本概念的延伸，反映着人的实体感受源自于近距离中长和宽的概念，人们按照平行于自己的长和宽去度量事物，有了直观的长与宽的比对，再顺着视线或方向延伸，就形成了有深度（高度）的长与宽的变化感受（图 2-4）。一般情况下，长和宽的感受接近于与人的平行等距，而深度的变化，是凭经验去判断因透视的复杂性产生的感受。因此，对空间的实体感知，往往需要在空间实体中移动测量捕捉。

每个空间构成的概念是由长、宽、高（深）界定形成实体构成，并以三个维度形成主轴线，空间形态的千变万化，都在这三根轴线上产生（图 2-5）。空间关系的相互联系是实体空间构成的规律，在空间构成中，一个维度上的变化，会带来整体空间关系感知上相应的变化。感受实体空间，在体味形态个性的同时，更要从形态变化的表面尽量认识和把握维度、轴线变化

图 2-5　三个维度形成空间主轴

的规律联系。在领略富有情感形态表现的同时，感受主线变化的奥妙。

空间的分割和层次，只有进入到空间构成的实体中才可感知得到，也是可以触摸到实体空间的界面内容。大小空间实体的构成中用物的围合、色块的分割、通道的设置、材料的通

透处理（图2-6）等，形成空间的再构成和丰富层次，人们顺着这些界面进入，在视觉、触觉、体量感、味觉、听觉、过程感觉诸多方面形成总体性的感知。在现代设计中，因材料、采光、结构等因素的多变应用，固定的设置会形成多样变化的分割和层次感受。因而，以创造人们的新感受为空间设计的探索点，越来越显示出现代意识在设计中的表现力。

3. 空间的心理感知

一个同样的空间，会给人以不同的感知，这既是设计内涵本身的意义表现，也是人为情感作用的自然结果。居室中的蓝绿色在夏天会给人清新爽朗的感觉，但在冬天也会给人清冷孤寂的感觉；有的人认为通透的办公室空间处理给人以开阔的感受，有的人却更喜欢封闭中私密性与交流性兼顾的办公空间；功能复杂的手机结构是高技术合成的象征，但也极度表现出物品奢侈的占有欲念。空间条件的构成，在特定的人、物、场景、情景状态下，会产生出特定的心理感知。空间构成中每一元素的设计表现，从元素本身和综合关系的作用下产生着复杂的心理感知。

在这一层面上，"感"是物品作用的必然现象，"知"是与心中状态达到的一致性。空间的实体功能判断，在感与知的程度上具有差异与一致的两重关系。人对实体功能设计的判断是经过视觉经验到形态体验的判断，最初的视觉经验判断往往与实体构成存在一定的差异性，后面的具体形态体验判断会更接近于设计的本意。如小的空间中可以运用色彩明度产生视觉上的扩张感而增大空间感，工作椅可以通过关联结构控制柄提升人机可调的空间感，复杂的公共空间的功能感知需要从每个个性连接点上充分表现（图2-7）。

图2-6 空间的分割和层次

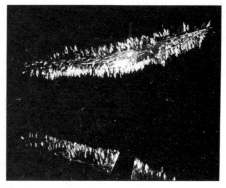

图 2-7　心理感知的内容表现

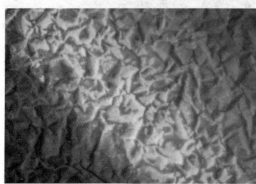

对空间的精神和情感方面的判断，在人们的心理感知中表现得非常丰富和不可捉摸。空间构成成型后是固定不变的，人的精神情感的变化极其丰富，随机而发、有感而发、即兴而发，是精神情感心理感知的特色。面对空间构成，随机遇产生情感上的感受，如同游历迪斯尼乐园时的情感波动；随感性产生精神感观，如同驾驶轿车过程中的感叹状态；随兴趣产生情绪上的起伏，如同使用 3C 移动终端产品时的表情（图 2-8）。空间设计给人一定的精神感观和情感刺激，人们获得的判断始终围绕构成的基础而变化。

4. 空间变化与空间创造

在每一个空间中，人的移动感受把固定的空间构成孕育成丰富形态，空间形态的变化始终伴随着人的感受产生，所谓的一步一景、一景一态，说出了空间中见变化、变化中见创造的构成本质。

在空间中塑造空间，是空间构成的常见形态。在房间中布置家具，在商场中安排人行通道动线和橱柜，在汽车外形上分割体块，在眼镜架上变化边框线条等。每个空间构成中的一点点变化，是在大的空间界定边缘中塑造个体化的空间感，这种空间是直接与人贴近的肌肤，

图 2-8　空间的即兴感受设计

图 2-9 空间功能的塑造

使原来抽象和不贴实际的空间有了胫骨、温度、力量、情感等。空间设计的表现力贯穿于里里外外的穿插和渗透。

　　空间功能的塑造，是空间构成中的基本内容和重要内容。一般情况下，提供的空间条件只是尺度的限定和基本概念，形成实用的形态需要从内部构成上塑造。产品功能空间位置的划分，产品操作流程结构的设定，室内功能空间的分割，户外空间形态的设置等，内部空间的塑造是从每一小块空间的布局上精心排列，

产品中每个小结构的处理，室内中每个切面的连接处理，每个具体手段的采用就是在塑造（图2-9）。通常情况下，空间塑造必须探讨多种可能性，从不同的角度和观念上尝试，经过实体比较，从中提升出最理想的方案。

　　空间层次的塑造，是从单纯的形式感上表达出精细的内容。形式感的空间，是靠各个层次关系塑造出来的。建筑中的立面变化形成的光影，产品中的线形变化形成的形态，室内中的结构变化形成的细节（图2-10）等，在空间

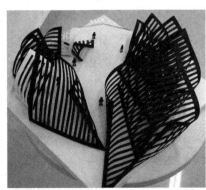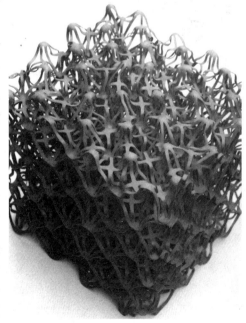

图 2-10 空间层次的塑造

图 2-11　实体与虚体空间

构成的总体构架上处理各个层面形象，使其产生出富有韵律的起伏关系，或细腻流畅，或层叠相接，或错落有致，或涤荡起伏……在空间的每个立面和断面上进行形象变化的处理手法，直观上是在改变造型，在空间的最大意义上是在塑造层次，空间表现中真正的、具体的核心作用是层次的塑造。

二、空间的限定与变量

1. 空间与实体的关系

纯粹空间的概念是无所不包、无边无际的，有限定空间的概念是由实体形成边缘的限制，所以，空间设计始终围绕着实体所形成的格局而计划。

在实体的周围形成通透的关系，是实体边缘中的空间。如计算机实体的外围、沙发实体的外围、汽车实体的外围等，以边缘的限制形成实体的限定，并在外围的各个通透部分形成不同空间功能特征的边缘中的空间。这个空间同样是设计的重要内容，人与实体的交互关系如何，完全仰仗其空间的条件。在空间的概念中，我们通常把空间分为两类，一是实体空间，二是虚体空间，实体边缘形成的界限是划分这两个空间的分割面（图 2-11）。

空间与空间的关系，是大空间概念中的基本结构型现象。如室内的空间中有交流空间、通道空间等，建筑体量内有物品单体空间、天地空间、通透空间、虚实空间等，意向作品中有各种形态的单体空间等（图 2-12），每个空间的形态既以功能核心独立，又以审美内容和功能的相互配合形成依存关系。在每个实体的整体空间构成中，多个空间的关系因实体的复杂程度而异，有的来自于功能空间的配备，有的来自于各个形态的需要，有的来自于相互依赖和支撑，它们在彼此间形成设计表象内容的实体和虚体空间关系。

空间的单体，是空间设计中的基本单位。单体艺术作品，建筑单体，各种产品，户外各类设施，每个以相对独立体的形式出现的内容构成都是单体性的空间（图 2-13）。作为空间

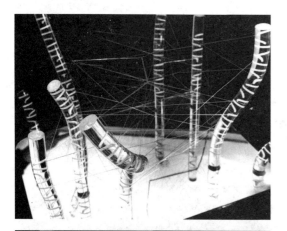

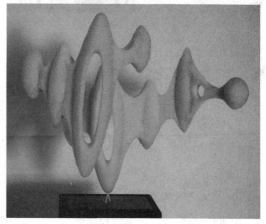

图 2-12　空间的关系

图 2-13　空间的单体构成

的单体要完成独立的承载任务，从功能行为到美感形态，从整体结构到各个元素，从实体界面到虚体延伸空间，都必须达到完整、完美、完善。单体的每个设计元素和环节是展示个性特征的重要内容。

2. 空间的限定

一个空间的构成中，其边缘、过渡、连接从限定的手法上表现着空间个性。

空间的边缘，是每个空间构成的外在直观形态。从直观上看一个空间构成，在最外在的

图 2-14 空间的限定

形象上形成界定，表达空间构成的有限边缘状态。如公共空间的区域边界，室内的区域划分边界，灯具的外形，商业空间的设定分割界定等（图2-14）。边缘，限定、展示着空间构成的体量关系。

空间的过渡，是空间内容以外在形态向外表达的形式。这就像精心包裹一样东西，把每个细小的折皱和结构处理得自然精美。空间中表现的内容非常丰富，每个内容表达间的联系是靠外在形态的过渡处理，如形态作品中的形体比例、建筑构件的连接、墙与地面间小设施的过渡、产品的体与面间的连接变化（图2-15），既通过过渡把几种内容与形象联系为一体，又通过形象的韧性过渡表达出丰富的形态语言。空间的过渡犹如一根直线与一根曲线相拼，需要中间的韧性自然表现。

图 2-15 空间的过渡

空间的连接，是处理多个空间立面和内容组合的形式。三维的空间表现特征是立面和立面的连接围合，如产品以多个立面连接围合成造型形态，其中每个立面间如何连接，从细部处理上决定着造型风格；再如建筑的分割布局形成后，各个立面间的连接处理决定着设计风格的细腻品位；还有灯具光照形态的多重形象层次（图2-16）。空间成型中的连接和空间个体间的连接，从形象风格的展示上处于构成结构的关节点,每个关节点的处理关系决定着空间形象个性。

3. 空间的变量

空间的变量,是空间设计中以体量数值变化的表现手法。

在空间构成中,每个空间体量的数值形成相对极限,如室内平方米的概念,一定的数值标示着规定的面积,一定的数值标示着规定的层高,形成总体的体量限定。这在产品的长、宽、高的数值位置上,也形成体量的总体限定。空间的相对极限,是由构成每根轴线的具体数值形成的。轴线上的具体数值产生变化,空间的相对极限也发生变化。

空间数值的递增,是以其中一个数值变化塑造空间构成。如单体形象在平面上递增 $1m^2$ 或在高度上递增10cm,沙发靠背高度或长度递增10cm,电视机视屏从37英寸递增到40英寸(图2-17),数值的递增改变着空间体量关系,给设计表现带来空间感受上不同变化。

空间数值的变量,是设计技能的具体表现。空间体量的大小和体量立面的起伏变化,具体表现于数值的变化,体量中的长、宽、高比,立面中的凹凸、斜度、曲度比(图2-18),不同的数值增减形成不同的空间体量感,空间变量是以元素构成间的尺度比例变化形成。如产品型号的变化区别,室内空间的等级区别等,数值变量把空间构成的级别更加细化和具体化,从空间形态的塑造上开拓出量变的规律和丰富的可操控表现形态。

4. 空间的限定与变量表现

单元空间的复数变量表现,是把空间构成作为独立的单元形式,按照一定的骨架形式进

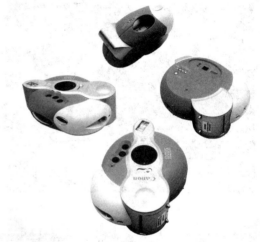

图2-16 空间的连接

行重复排列,其中可以采取一定的比例关系放大或缩小,形成元素形式统一中有错落、有体量变化的空间形态(图2-19)。这在建筑和户外装饰中经常使用,在现代装置艺术中形成具有丰富的表现力的特殊风格。

31

图 2-17 空间数值的递增

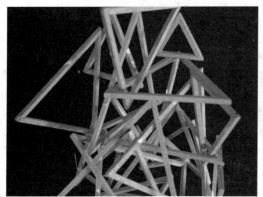

图 2-18 空间数值的变量

图 2-19 单元空间的复
数变量表现

单元空间的随机变量表现，是在空间构成中为探索特定的个性风格，以特殊的构成布局变化单元空间，形成具有强烈表现力的空间构成。这在许多展望未来的设计案例的表现中非常突出。如未来建筑空间的表现，未来数字产品空间结构的表现，未来居住空间的表现等（图2-20）。随机变量中的"机"，体现于"意"，是随立意而探索变化体量的数值，达到理想的空间构成表现效果。

空间与空间的相融表现，是在空间单元的

图 2-20 单元空间的随机变量表现

相对独立关系中，注重彼此个性的张扬和相互之间的融合表现。无论什么类型的空间内容，有变化又能互融的空间构成，始终显示着设计表现的活力。在居住小区的空间规划中，在产品空间结构形态的表现中，在居家不同功能空间的设计中，空间形态的相融表现呈现着各种相融技巧。两种空间形态的直接相连，变化连接部位的形态，以另一形象相接等（图 2-21），

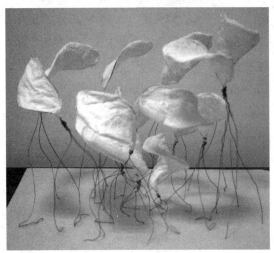

图 2-21 空间的相融表现

图 2-22 空间的比例

不断探索相融的表现技巧和手法，可以显示出丰富的空间限定形式与变量表现力。

三、空间尺度与尺度感

1. 空间的尺度

空间尺度，是标示和度量空间体量的标准。实体空间构成的三维概念基于三个坐标的尺度，其中任何一个尺度产生变化，都影响着整个空间构成的三维综合感受。在人们的感受中，对空间尺度会因经验产生一定的标准，例如基于黄金分割比的体量，是人们公认为符合审美标准的构成。按照尺度感受探索不同的构成标准，是空间设计一直为之倾心的重要内容。

空间的比例，是空间构成中两个比可以相等数字进行计量。例如居室中长、宽、高之比，产品外形的长、宽、高之比，展览会空间的长、宽、高之比，还有每个空间构成实体中各个结构间形成的相等计量之比（图 2-22），都从一定的尺寸标准上计量出构成的数据参数总和。不同的数据参数产生不同的空间整体感受。比例，在反映不同构成原理的同时，反映着空间表现的定理法则。

空间的比例关系，是空间构成形成的数理总和。例如：居室家具的长宽比例关系，单纯形象元素的大小结构比例关系（图 2-23）等。以尺寸比形成视觉上的审美比例，结构上的功能形态比例，体量上的空间形态比例等多方面的构成原理。运用比例概念表现空间，探索比例关系塑造空间个性，一直是空间设计的核心内容。空间构成中的比例，既是具体表现的手法，也是表现主题概念的理念，手法体现于具体构成应用中，理念体现于风格个性的显示中。

图 2-23　空间的比例关系

2. 同一尺度下的不同感受

在同一空间尺度下，人的主观感性的多重作用会产生出各种感受。不同的感受又反过来影响和要求着空间构成尺度的人性化进程。

任何一个空间构成都围绕着设置的目标成型，空间的尺度反映为依据设定目标而设，人的感受基本上起始于设定的目标。如：计算机的操作空间尺度，卫生间的使用空间尺度，商业展示空间尺度等。设计之初的目标是依据特定人群的需要而定，所以，人们的感受与尺度目标已在估量设计之中。随着人们各项生活指标的提高，尺度目标的周期将越来越短，适用的人群越来越趋于个体化。

空间尺度的非目标感受，是人自身发展规律和发展中的众多因素导致而成的。如：情绪波动出现的对同一空间尺度完全不同的判断感受；随着人自身文化、经济、技术、管理、情感等素养的发展，对相同空间尺度产生出的变化感受（图 2-24）。对空间尺度的非目标性感受，在任何时代的每一空间构成类型中都自然存在着，他们从非设定目标的角度或位置上产生的感受，可以是非等同程度的肯定，也可以是批判，也可以是新的拓展，这种感受从很大的面上推

图 2-24　空间尺度的非目标感受

进了空间尺度的再设定与发展观。纯粹客体对空间尺度的感受，是非设定人群对空间尺度的超越性感受。现实社会中个人的经历再丰富，也很难保证对每个空间尺度都有过经历。现实

图 2-25　空间尺度表现与个性感受

社会中的新生事物更是如此。对生疏的空间尺度，不同的个体会出现超过想象的感受，新奇、惊异、赞叹、拒绝、亲昵等感受都有可能出现。基于各种感受的可能性，空间尺度的设计要尽可能地去设想和应对，从不同个人的可能性细节上分解和设计。

3. 不同尺度下的个性感受

在空间设计中，空间的尺度表现与个性感受具有前因后果的必然关系。宽大空间、适度空间、精致空间、紧凑空间的不同尺度，从形态上表现出不同的空间个性特征。个性建筑的空间尺度、特殊象征物体的空间尺度、多体块组合建筑的空间尺度等变化（图 2-25），客观的尺度作用于人们的经验性认识，会在感官上形成一定的认同和愉悦感受。

每个人的主观状态不同，对空间尺度的感受自然存在一定的差距。个体的知识、经历、精神状态、情感志趣、家庭关系、工作内容、经济条件等因素决定形成主观状态，对空间尺度选择、判断、使用、评价的各个过程，都自然而然地源于个体主观状态的感受。这就形成同样的空间尺度在不同人的感受上形成差距。

边缘环境的影响，在人们的判断感受中同样是不可忽略的因素。人们无论身处在哪个空间环境中，尺度关系自然是人们感官行为的基础，突然有某种超出设计规定的现象发出作用，或限定空间尺度之外的空间现象的自然作用，人们的感受会自如地把这些作用一揽而尽，由此形成的感受就不那么单纯了。如气候的变化促成环境因素变换主题物的气氛，建筑物因周边环境变化出现多视角欣赏的不确定，在休闲广场观赏中被内容的不确定而迷惑（图 2-26）等。非设计本意边缘环境的作用，一定程度地影响人的个体，所以，人对空间尺度的感受也源于边缘环境的个体状态。这个内容看似不太重要，其实不然，它是决定空间尺度设计精细化的重要因素。

4. 空间维度与体量的表现

空间维度是展示空间体量的中轴。维度产生变化和维度上的数据产生变化，自然带来空间体量的变化。

空间维度是以坐标形式表现的。两个维度的空间是以长、宽两个坐标形式表现，三个维度的空间是以长、宽、高三个坐标形式表现，

图 2-26　边缘环境影响与判断感受

图 2-27　空间维度的坐标形式表现

图 2-28　维度坐标中的体量表现

维度坐标中的体量表现，是在清晰地理解和掌握坐标原理的基础上，在维度坐标的中轴线上设点移位，在多维度的交叉中注重彼此轴线的穿插，由此形成的体量关系就非常丰富。依靠维度坐标表现体量，是空间设计的最本质内容。最简洁的空间体量表现，可以展示出维度坐标移位的趣巧个性，复杂的空间体量表现，可以表现出用维度坐标编织空间网络的形态个性（图 2-28）。在空间设计中，无需死记坐标的概念，重要的是从维度体量的表现力上操作多维坐标。

四个维度的空间是以长、宽、高加客体的移动点位四个坐标形式表现（图 2-27）。维度的坐标形式是形成空间的骨架，也是变化空间体量构成的承载中轴。

四、课题训练

课题 1 为必选。课题 2 和课题 3 可根据自己的爱好和条件，从中任选一题展开。

课题 1：空间尺度测绘；

课题 2：一张纸的构成空间；

课题 3：空间比例与尺度训练。

作业提交形式和要求如下。

课题 1：空间尺度测绘（（1）和（2）任意选择一项，A4 书面纸装订）

（1）选择一个小型产品，根据结构拆解开，以徒手绘画的方式画出各个部件按秩序组合的空间序列位置，并以简要的图文结合形式描述出产品功能表现出的空间关系。

（2）选择一个小的生活或工作空间，根据形态结构进行分析，用徒手绘画的方式画出总平面图和立面图，以简要文字标示出按秩序组合的各个空间关系，并以简要的图文结合形式描述出空间的形态关系。

课题 2：一张纸的构成空间

（1）在 30cm×30cm 的卡纸上表现出一个情感性的主题空间。

（2）选择的主题内容和元素应简洁和抽象。

（3）运用单向刻剪的方式，每个刻剪图形都要与整体连接而不掉落，通过折叠形成立体空间形态。

（4）主题选择、图形元素、折叠形式可以尽情发挥。

课题 3：空间比例与尺度训练（ A4 书面纸装订）

（1）选择一种同类型器物，列举出 20 件各具空间构成特色的造型。

（2）从中选择 5 件进行比例尺度的测绘，并以简要的文字标示出尺度构成的特征。

第三章　空间中的元素

一、认识空间构成中的实体元素

1. 空间构成中的实体元素

空间构成中的实体元素非常丰富，一步一景，一眼一个情景，从实体元素的外在形态中显露出来。再丰富的形态表现，都由空间构成的基本元素产生。

空间构成中的基本元素有：点、线、面、体、结构、方式等。基本元素是抽象形态的表现形式，由具体空间内容的表达而形成。在实体的具体表现中，基本元素的形态关系是相对的，它们在构成实体中展现出元素的个性特征（图 3-1）。

元素在实体构成中的变化，是形成丰富空间关系的重要基础内容和手段。基本元素的归类虽然形成很少、似乎很单纯的几个，但空间的体量给予了宽大的表现载体，元素的延伸力体现出丰富的手法，空间条件和元素演绎的丰富性给予着变化的内外条件（图 3-2），使基本元素的丰富表现力在空间构成实体中展现出活力。

图 3-1　空间构成中基本元素的个性特征

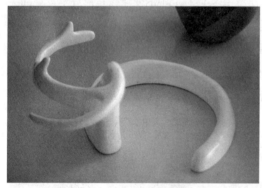

图 3-2　元素在实体构成中的变化

2. 空间元素的组织形式

空间元素的表现力，首先来自于元素的组织形式。不断探索元素的表现力集中体现于结构形式。强烈的视觉冲击力、浓厚的艺术感染力、趣味的情感表现力等，是运用元素和组织构成形式的具体开拓。从设计规律而言，空间元素的组织形式可归纳为如下三种。

一是直接排列形式。排列是设计中的常规手法，把任意选择的元素按照一定的规范格式进行排列，横向排列、竖向排列、阶梯式排列、错位排列、起伏排列等，充分施展排和列概念的纵横向延伸与延展的艺术表现形式（图 3-3），可以创造出多种特色的空间形态。

二是连接相交形式。通过连接和相交的处理，使单个的元素形成整体的"势"，产生出大视觉感受的块面体量。把点连接形成个性变化线条，把线连接形成大面积的感受，把面相交形成个性风格的体，运用结构的相交产生出交互的体量，设定方式把各个元素串联于一体（图 3-4），这些，都是通过元素的组织形式开拓空间体量特定表现力。

三是边缘突出表现形式。空间体具有强烈的张力，从空间体量的最边缘向外伸展，每个空间个体似乎都具有生命力，透过空间体的边缘向外舞动着。这是空间边缘表现形式特定作

图 3-3　空间元素的直接排列形式

图 3-4 空间元素的连接相交形式

用的结果。空间体的边缘形态是最具有感染力的元素，也是最具有表现力的内容。针对不同的空间体量，在边缘形态上如何创造出个性，体现于外观元素的组织形式。刚挺中见细微，饱满中显露挺拔，极致活力和奔放，精致而略显原始等（图3-5），外在边缘的突出表现形式探索，可以创造出最大感观和最强个性的空间体量。

3. 元素运用与风格创建

把握元素个性特征，如同掌握丰富的语汇一样，是空间设计的重要基本功。每个元素都是个性化的形象，不同的点、线、面、体、结构、方式等元素，在形象特征上既有微妙的区别又有很大的变化，在人们的认知中既形成共感的个性特征，又产生出各自的感性认知个性。丰富的元素个性和不定型的感受特征，给空间设计注入了有规律可循又有无穷变化的丰富内容，不断探索和把握元素个性特征，需要从元素形象特征和感受特征两方面积累、提炼（图3-6）。

元素组织中的突破，是设计核心竞争力的重要体现。元素的种类和特质对任何设计师来说都是公允的，在条件一样中如何有所突破，

图 3-5 空间元素的边缘突出表现形式

图 3-6　元素形象特征和感受特征

个性化的组织构成是主要内容。这就像音乐中的音符一样,大家拥有的音符都是一样的,好的曲调是靠谱曲显示出音符的生命力。空间元素组织构成的突破,是探索个性化元素构成的形态,以组织结构的特殊方式显示出整体的生命力,通过整体构成的表现,把各个元素的个性相融并汇集于结构中,形成总体具有张力的空间表现形式(图 3-7)。

用单纯的元素创建风格,是探求简约设计的表现形式。现代设计不需要浮华的形式元素,需要以单纯的元素直接表现,形成鲜明的个性风格。每个设计元素本身具有高度抽象的概念和鲜明的形式个性,挖掘元素的形式个性和简约的组织构成,并赋予元素的典型象征意义,是创建淳朴风格的优秀方法。这在现代空间设计载体中有许多优秀的案例(图 3-8)。用抽象的元素赋予典型的形象特征,表现出高度提炼的现实形象概念,其风格的感染力更加强烈。

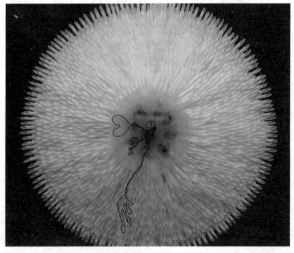

图 3-7　元素组织中的突破

图 3-8　以单纯元素创建风格

二、纯粹的元素

1. 点

点，是在空间位置上相对的最小的体量。在不同的空间位置中，点是相对的，一个独立的体量处在大于自己的空间位置中是点，处在小于自己的空间位置中就形成面。点，有各种各样的形象，就形象个性上的区别是不计其数，若用抽象几何归纳，有近似圆、方、三角、矩形的点，还有不规则形象的点（图 3-9）。

在空间构成中，点的概念是非常抽象的，这主要反映在点的关系构成中。室内空间中的吊灯是相对的点，电视机面板上的品牌字是相对的点，公共休闲空间中的树是相对的点，点的构成关系是由空间关系形成的。在空间设计中，运用点的连续、变化、排列、分组、点缀等手段，可以充分体现出点在空间构成中的多重处理手法，既能使复杂的内容序列化，又能使单调的内容产生活力，还能以点的单纯个性表达出功能特征与内容（图 3-10）。

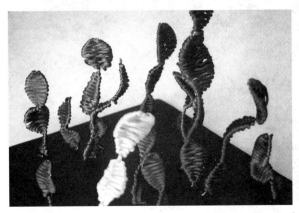

图 3-9　点

图 3-10　以点的单纯个性表达

2. 线

　　线，是在空间位置上相对的最窄的体量。线条本身具有非常丰富的形态个性，不同的直线、弧线、任意曲线等线形，在空间位置中以相对大的面积为衬托，形成刚直、挺拔、饱满、自由等特征，并与背景面积的大小比例反映出粗细特征，在空间多维关系上反映出立体形态的个性特征（图 3-11）。

　　线，在空间构成关系中是具有强烈表现力的主要元素。不同个性线条的连接变化，线条的多重排列组合，线条的编织，线条的形象骨架构成，线条的动态构成，虚线与实线的体量表现等，形成空间设计中的生命力构成。在空间设计中，线是支撑的骨架，是丰富的层次，是审美的韵律，是空间块面的分割，是内容体的承载（图 3-12）。线的构成关系既反映为功能内容的形态表现，又反映为精神感受

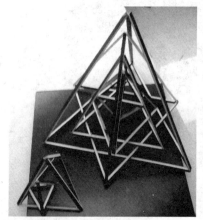

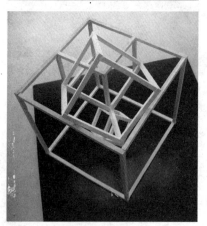

图 3-11　线

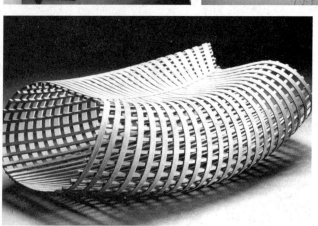

图 3-12　多重线条的表现

图 3-13 面

的形态表现，在设计意义上，更反映出强烈的
创意表现力。

3.面

　　面，是在空间位置上占有的一定的面积。
在空间位置中，是面的围合才形成限定的空间
构成，空间风格的形成，在更大程度上取决于
围合的面的形态个性。建筑的立面，笔记本的
外壳立面，展览会的展位版面，灯具的外壳曲
面等，每个空间构成中间的变化形成空间体特
征。平面、弧面、曲面、自由曲面等（图 3-13），
看似几种简单的面，在空间围合中却可以塑造
出出神入化的空间个性。

　　面和面的连接、围合形成一定体量的空间，
连接，是面的关系构成的关键。平面与曲面的
连接，不同曲度面的连接，多种弧面的连接，
自由曲面的随意连接（图 3-14）等，各个连接

图 3-14 不同的面的连接

图 3–15　面的结构性表现

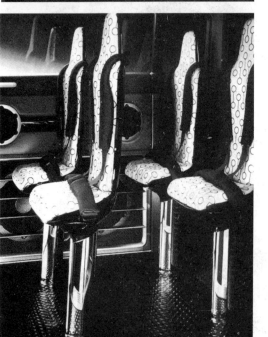

图 3–16　体表现的空间氛围

中都具有一定的方法和技巧，注重面和面之间的自然过渡和平滑度，形成每个面都浑然一体的整体效果。在有些面的构成中，可根据实际需要设定些特殊的结构，以结构连接的巧妙方式形成面的关系构成特色，如相互卡口、套接、串联、扣接等结构（图 3–15），这在产品和设施的应用中有许多优秀的案例。

4. 体

体，是在空间位置上具有相对体积的体量。以独立的体量展示在空间构成中，形成体与体的大空间构成，这在现代许多大空间构成中非常多见。城市区域空间规划中的建筑，公共区域中的植物和装置，室内空间中的家具和电器等，相对独立体量的组合构成形成一定的空间氛围。

独立的体量，在三维空间关系上展现着立体形态。从立体的任何一个位置上观看，由于体的变化和透视关系，会产生出各种各样的体的感受。所以，体的关系构成取决于两个方面：一是体的各个立面变化，可以塑造出观看点移动中的不同感受；二是体的组合，两个以上独立体的组合，构成视觉上实体与虚体相互衬托的空间氛围（图 3–16）。体的变化本身创造并构成着空间关系中不同观赏点的艺术感受。

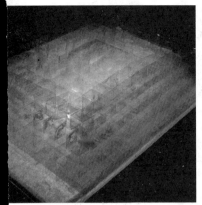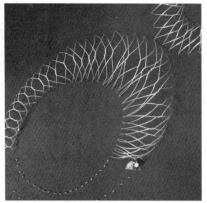

图 3-17　元素的单纯个性

三、元素的个性

1. 元素个性的两重性

每个空间元素都具有两重性，即：单纯个性和扩展个性。

元素的单纯个性，是空间概念的可塑性上的基本性格。如：饱满的点和残缺的点，挺拔的线和柔和的线，坚挺的面和柔和的面，高耸的体和厚重博大的体等（图 3-17）。元素的单纯性，是以形象特征和人的认知经验为基础，形成富有丰富表情式的基本性格。人们基于对形象的感受形成经验认识的积累，汇集成为对元素个性概念的定性。

元素的扩展个性，是从形象基本性格上延伸出更加丰富的表现特性。如：不同圆点形象中的速度感、锐利感、平衡感，不同线型形象中的序列感、交错感、柔美感，不同立面形象中的光挺感、平整感、曲律感，不同体量形象中的细腻感、重量感、通透感等（图 3-18）。每个元素的细微变化和应用中的变化，都可扩展出众多新颖的表现特性。一个元素的固定形象产生出基本性格，依据不同应用手段的变化又展现出丰富的表现特性。

图 3-18　元素的扩展个性

2. 元素的内涵

空间元素是具有个性和表情的。点、线、面、体的个性是从形象大类上体现，而表情却因形象的细微变化体现。近似圆点的饱满、近似三角点的稳定和跳跃、近似方点的平稳个性，直线和平面的挺拔个性，曲线和曲面的柔和个性，体的多维个性，在这些个性基础上变化形象特征，就会产生元素的丰富表情。点、线、面、体的形象变化，会产生随意、尖锐、秩序、关联、点缀、活力、平衡、规范、精细、通透、秀美、富丽、质朴（图3-19）等丰富的情感表现。

在空间设计中，元素的形象具有一定的内涵。如：元素本身的形象特征表现出的点缀、连接、拼合、套接等内涵，元素排列组合形成的节奏、韵律、比例、均衡、聚合、疏密等内涵（图3-20），这些内涵是空间表现中长期形成的规律性构成，也是人们在长期实践中形成的共同认知的元素内涵。元素的内涵既是形象个性的形式风格，也是空间设计中的形式化构成。内涵的意义来自于形象和意识的融合。在元素形象的客观性和表现的主观性两方面形成共同认知的、具有社会意义的内涵。

因此，不断挖掘和丰富元素内涵，要从两个方面进行探索。一是元素本身的形象和形象感受内容。空间设计中的元素表现具有无所限制的条件，可以任凭想象、形象的意向和叠加组合展开，赋予元素新的立意，不断开拓元素形象的新型表现力。二是元素的变化组合，在组合中探讨不同的表现力（图3-21）。社会发展中的内涵表现具有时代特征，需要种种元素形成载体去表达，空间表现中的元素具有非常宽阔的时空条件。

3. 元素的本质

元素的本质，是空间构成中的可塑活力因子。在我们身边，空间构成随处可见，而其中应用的元素总离不开几大类形态:点、线、面、体。它们在不同空间中扮演着各不相同的角色。因而，元素的本质意义已经不是单纯元素的概念，而是与空间内容浑然为一体的活力因子，就像一块块砖砌成的大楼，以单纯的元素融会于整体构成，充分担当着可塑活力因子的个体与整体融为一体的作用（图3-22）。

图 3-19　空间元素的个性和表情

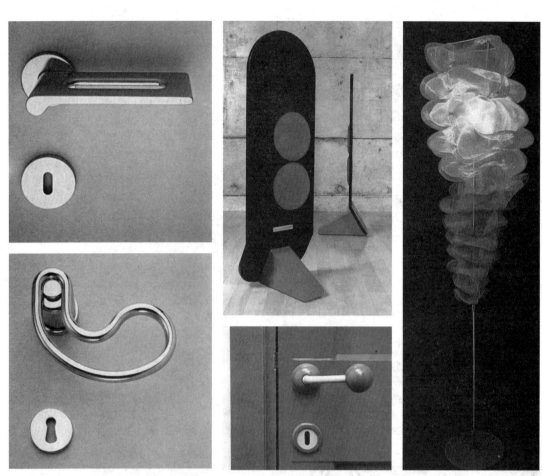

图 3-20 空间元素形象表现的内涵

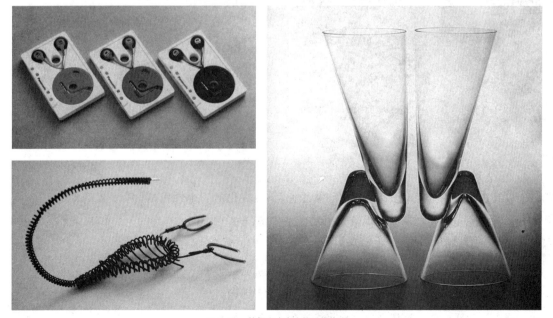

图 3-21 挖掘和丰富空间元素内涵

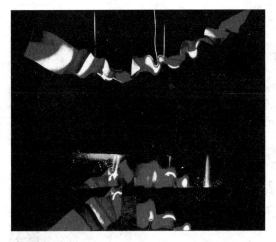

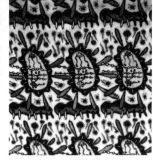

图 3-22　元素的本质作用

图 3-23　以元素本质突出创意主导作用

　　设计表现中的元素本质，是突出创意的主导作用。空间元素是实现空间构想的载体，每个元素在其中承担着一定的角色，若把它作为一个简单元素去应用，表现出来的感受会缺乏生命力。表现力，是每个空间元素的本质追求。以元素主导空间构成，是从强化表现风格的角度突出空间个性风格。在一般的空间设计中，元素表现个性的强烈与否，直接决定着空间构成的感召力，这在现代空间设计中有许多非常优秀的案例（图 3-23）。元素的活力是设计师不断挖掘出来的，始终探索元素的表现性，是设计师的永恒命题。

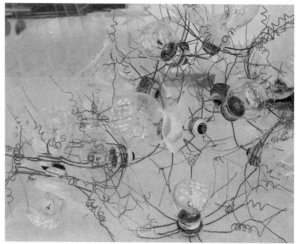

图3-24　元素间的表现关系

4. 元素关系的表现

在元素表现中，自然地存在元素与元素间的表现关系。如：电视机造型中的点、线、面、体的元素关系，居室空间中灯具的点、墙的面、家具的体、装饰的线的元素关系等。在独立的单个空间表现中是元素关系的作用产生出设计效果，在大空间组合表现中也是元素关系的作用产生出设计效果。空间设计的核心结构表现为对各个元素关系的组织和把握。可以在其中编织元素的调和关系，也可以在几个元素的协调中突出某个元素，又可以在每个元素间构筑成彼此对比和相互突显的关系（图3-24）。元

素和元素间的关系处理，是设计手段的具体承载和表现。

从空间构成中可以看出，元素关系的表现一般有两种：一是以单一元素构成的空间形式；二是以复合元素构成的空间形式。

以单一元素构成的空间，是指以趋于一个个性风格的元素形成整体空间形态。如：以单纯的直线、平直面、平稳规范的点构成电冰箱形态和商业空间形态（图3-25）。单纯元素的个性从每个空间体上形成统一、简朴而强烈的个性。这样的表现是以元素关系的单纯性为特色，通过立体截面的变化，同样可以表现出多

51

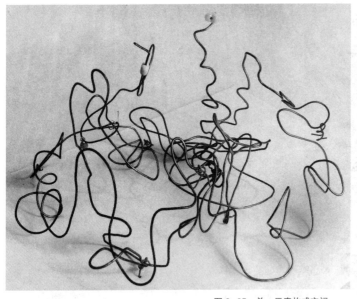

图 3-25 单一元素构成空间

图 3-26 单一元素构成多变丰富空间

变的丰富空间关系（图 3-26）。

以复合元素构成的空间，是指以两个以上个性风格的元素形成整体空间形态。如：运用不同形象变化的点、线、面、体表现家具形态，文化广场空间形态，娱乐城空间形态等（图 3-27）。各个个性化元素从承载的空间体量位置上形成多变化、多寓意的丰富个性。这样的表现在充分显示出不同元素个性的同时，还显示出设计统筹的表现力（图 3-28），若缺乏对各个元素关系的设计统筹，很容易形成杂乱无章的设计效果。

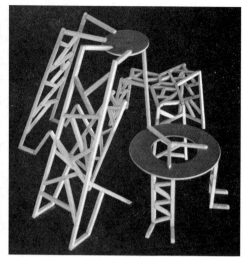

图 3-27　复合元素构成空间

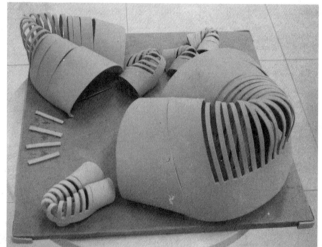

图 3-28　复合元素的设计统筹表现

四、课题训练

从两题中任选一题，按照每题的前后两个秩序逐步推进。

课题 1：从自然界寻找二十个设计元素；选择并运用两个元素表达或设计一个主题内容。

课题 2：寻找五个典型自然元素再构成表现一个主题内容；运用一个元素进行主题创作。

作业提交形式和要求如下。

（1）从网络或资料中寻找，以徒手绘画的方式画在 A4 书面纸上。

（2）以徒手绘画的方式将设计方案表现在 A4 书面纸上，并以文字形式标注出自命的主题及设计方案的简要介绍。

第四章　二维空间与造型表现

一、二维空间基础与应用领域

1. 二维空间构成原理

二维空间是以长和宽两个尺寸限定形成的空间。在长和宽的尺度中，变化其中一个尺寸，都会带来二维空间的不同表现效果。

在二维空间的尺度表现中，黄金分割是以长和宽二维尺寸变化比例的表现规律。数学家法布兰斯在 13 世纪列出一些奇异数字的组合，揭示了黄金分割的比例规律，在二维的尺寸变化上创造了 1:0.618 的尺度变化规律（图 4-1）。运用这个数据比例规律，在不同的空间形态表现中都可创造出符合审美规律的空间形态。

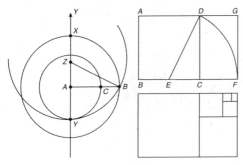

图 4-1　黄金分割

2. 二维空间构成技能

二维空间构成，基本是依据横向和竖向进行变化排列，所以在构成技能上形成下列几种常规的排列技能。

1）轴线排列

是在长和宽限定的范围中设轴线，以轴线作为排列元素的基准，以轴线的设定形成二维空间表现的形式。轴线排列的技能在很多平面设计中应用得非常广泛，曾经形成一段时期的典型风格。轴线排列的技巧在于如何在限定的范围中设置轴线，其次是如何在轴线基准上多变地组织安排元素（图 4-2）。

图 4-2　轴线排列

2）动感排列

是在规定的空间范围内设定起伏排列动线，把各个元素组合成具有一定活力的空间构成形式。起伏动线的设置要考虑整体空间中的气氛调节，不同的动感产生不同的韵律，反映和表现出不同的内容个性。再者，要把元素的大小比例和排列关系作为动感表现形式统一安排，从整体形式感观上创造出动感的主题表现风格。这在当代平面设计中表现得非常突出（图4-3）。

3）聚散排列

是以轻松活泼的主旨安排整体表现结构，不拘泥于以一种程式规范控制构图，力图通过每个元素聚集和分散的形式化排列，形成具有不同审美意义的形式化风格。这种形式的表现在现代设计中应用得非常广泛，在可见的空间构成中探索多种形式感的聚散节奏（图4-4），每个二维空间的设计都可形成个性化的篇篇乐章。

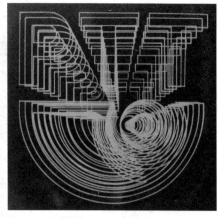

图4-3　动感排列

4）突破构图范围的排列

是在限定的空间范围中刻意追求元素向外延伸，不追求空间范围内构图和元素形象的完整性，在有限的空间范围内刻意于元素排列骨架向外延伸的"势"。有的元素可以图形的意向趋势表现，有的元素可以局部图像与其他图像呼应形成整体构图，有的图形可以大面积的反差和空白形成空灵的势（图4-5）。以元素组合中的构图形式突破限定的范围，可以充分显示出空间的扩展张力。

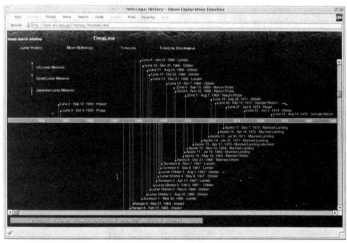

图4-4　聚散排列

图 4-5　突破构图范围的排列

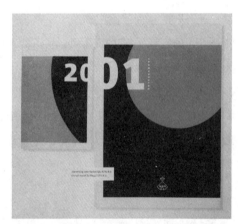

图 4-6　报刊杂志

3. 二维空间应用领域

二维空间的应用领域按类大致归纳为报刊杂志、影视媒介、网络界面三类。报刊杂志是传统的，也是最基础的二维空间载体。影视媒介和网络界面是新型的二维空间载体，从视觉作用上看，它们有三维效果的感受，但它们仍然属于实体上的二维空间形态。

1）报刊杂志

是以文字、图表、色彩、图像、版式、结构等为基本元素构成的表现空间。每个元素的变化推进着报刊杂志空间形式的发展，以不断创新的综合手法开拓着报刊杂志的风格个性。把文字、图表、色彩、图像、版式、结构作为纯粹的形式化内容进行设计（图4-6），可从基本元素和表现形式上不断开拓报刊杂志的空间艺术风格。

2）影视媒介

是以图像、构图、色彩、文字、画面切换等为基本元素构成的视觉动感表现空间。其中尤其以图像、构图、画面切换、色彩等元素体

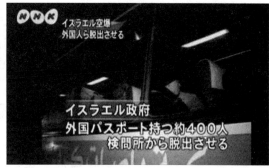

图 4-7　影视媒介

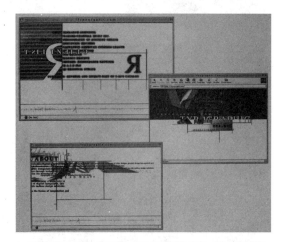

图 4-8　网络界面

3）网络界面

是以构图、色彩、文字、图像、画面切换等为基本元素构成的认知互动表现空间。元素的应用在其中承担着直接传递信息的功能，并以互动的方式引导人们认知（图 4-8）。所以，网络界面是介于报刊杂志和影视媒介之间的新型空间艺术表现形式，既要有报刊杂志的信息流量承载，又要有影视媒介的动感手法。其中的认知、互动是设计表现的关键。

4. 不同领域中的个性表现

在不同的应用领域中，有着各自的规律和要求，同时也具有空间艺术表现的共同点。概括各个因素，它们围绕视距认知、视觉美誉度、视觉震撼力三个方面展现出各自的个性表现内容。

（1）视距认知。在一定的视觉距离范围内可以确保基本认知（图 4-9）。

报刊杂志：35cm ～ 55cm 范围内的认知视距。

影视媒介：微型 55cm 左右；室内 400cm 以上；户外 2000cm 以上的认知视距。

网络界面：55cm 左右的认知视距。

（2）视觉美誉度。视觉认知中能激起审美感受程度的内容（图 4-10）。

现出视觉感染力（图 4-7）。每个元素在影视媒介中的介质不同，发挥的特定作用也各不相同。每个元素在不同的应用部分都应该体现和创造出浓郁的空间艺术个性。

57

图 4-9 不同的视距认知

图 4-10 一定的视觉美感

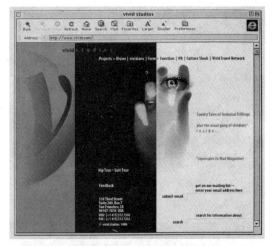

图 4-11 引起视觉震撼力

编排形式的适度视觉冲击和整体版式的平衡感，交互形式的可认知度与趣味感。

视觉震撼力：视觉认知中能提高视觉情感张力的内容（图 4-11）。

报刊杂志：版式的结构具有特色，易引起视觉注目的元素构成。

影视媒介：特殊效果的大场景、微观特写等。

网络界面：别出心裁的版式结构和互动方式。

二、二维空间元素的个性表现

1. 认识和掌握二维空间元素

二维空间元素可以归纳为图形、色块、文字、版式。

报刊杂志：由版式决定的内容的可阅读性，编排形式的适度视觉冲击和整体版式的平衡感。

影视媒介：画面的整体视觉冲击力和主题韵律，画面切换的情节处理技巧。

网络界面：由版式决定的内容的可阅读性，

图 4-12　图形元素

图 4-13　色块元素

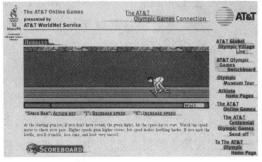

1）图形

是以图像形式表现的元素（图 4-12）。有自然图片、抽象图形、创意图片、装饰图形等类型。图形形式在二维空间表现中可以直接反映主题，并在人的认知感受方面提供直观的想象空间。选择什么类型的图形风格，将奠定被表现主题风格的个性。

2）色块

是以色彩块面形式表现的元素（图 4-13）。色彩块面形成的基调有两大特征，一是色调，二是块面风格，它们塑造人们认知的情感空间。色彩倾向形成的色调和块面比例，分割形成的特征，往往会创造出"先色夺人"的视觉效果。

3）文字

是以字体形式表现的元素（图 4-14）。文字表现是一种文化符号，也是被表现内容个性的质朴外现。不同的字体和风格化的组合排列形式，已经把文字作为特殊图形意义的表现形式，可以充分体现出表达直接、寓意深厚的主题意趣。

4）版式

是以版面构图形式表现的元素（图 4-15）。构图形式决定二维空间的大格局。版式的创新一般与艺术发展主流相联，艺术思潮的导向产

图 4-14　文字元素

图 4-15　版式元素

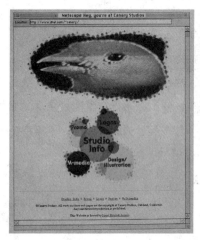

图 4-16　不同的构图结构

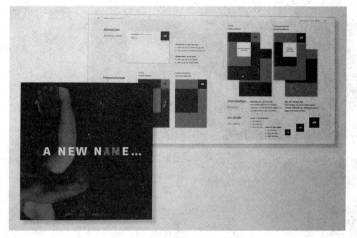

图 4-17　不同的视觉层次

下完全相同的元素平铺构成；平衡型，在每个方位上排列元素并保持视觉上的相对均等；聚散分割型，以密集和疏散并施的手法排列元素，形成富有韵律感的空间关系；视觉冲击型，以反常规手段排列元素，形成易引起视觉注目的空间关系；自由型，不按照常规立意并排列元素，形成轻松活泼的空间关系；元素叠加型，取多个元素根据立意叠加，产生出特殊效果的元素构成；意趣表现型，设置趣味表现点排列元素；夸张表现型，取某个点张扬其个性特征（图 4-16）等。不同的构图结构从总体格式中创造出特殊的设计艺术效果。探索更有特色和表现力的构图结构，可从结构方面表现出二维空间的时代活力。

2）视觉层次

是通过排序空间元素形成视觉感受层次。每个空间中要包含的内容元素非常多，按照主题需要把它们编排成有视觉秩序的信息，从而达到二维空间设计的功能目标。视觉层次的设计，就是编辑排列不同的元素，把它们变化为可以传递视觉信息的载体。从第一层次到后面各序列层次信息的梳理，是一种形式化表现的技能。每一元素的大小比例、在构图中的位置关系、黑白关系、彩度关系、疏密关系等（图 4-17），决定着相互间的信息层次关系。这在二维空间载体中，直接关联到表现形式和内容的表达，两方面都非常重要。塑造个性化的视觉层次就是塑造空间风格个性。

生出新型的构图审美观。不断探索形式格局的新版式，将从大的形式感观上表现出二维艺术空间。

2. 把握和操作二维空间元素的个性

在二维空间应用领域中，每个元素都有相对独立的表现地位和空间，并从个性化特征上烘托出整体艺术感染力。从二维空间整体的表现力和艺术效果而言，其中的构图结构、视觉层次、版式突破、图形突变显示出非常重要的地位。

1）构图结构

是组织空间元素形成个性化的构成格式。构图结构的形式细分有：对称型，以左右或上

图 4-18　版式突破

图 4-19　图形突变

3）版式突破

是在总体版面表现形式方面探索风格个性。长和宽的比例形式，内容条目结构的编排形式，不同元素的大小比例和符号个性设置等，从各个方面形成总体的版面表现形式。掌握已有的的版式和突破程式化的版式风格，需要探索不同长和宽之比的视觉效果，转换内容条目结构的编排形式，变化各类元素的大小比例和不同符号个性的设置（图 4-18）。版面表现形式的

突破，是从这三个具体的方面创造出个性风格。

4）图形突变

是在图形元素方面探索风格个性。在二维空间构成中，图形的视觉感召力非常突出。所以，图形元素的表现和变化，直接产生空间风格的转变。图形突变，是要对不同图形进行不同的取舍、重新组合、修饰、变形，运用各种设计技能使其产生种种艺术效果，形成视觉认知上的新鲜刺激感（图 4-19），并烘托出主题内容。

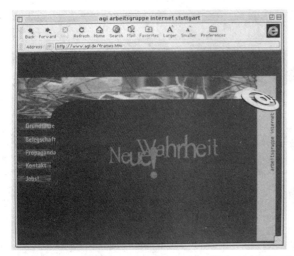
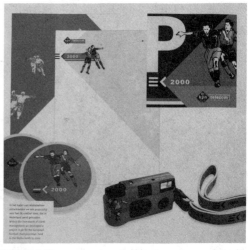

图4-20　个性化元素表现空间主题

图4-21　突破常规构图的个性

3. 常规二维空间元素表现技能

常规二维空间元素表现技能突出表现在下述三个方面。

1）选择直观的个性化元素表现空间主题

不是每个元素都可以突出表现空间构成主题。空间设计的经验告诉我们，一般情况下是根据空间主题衡量所有元素，从中优选出形象特征和个性特色与主题吻合的元素，再将立意施于变化形态，辅以其他元素刻意一致的表现，才能形成突出空间主题的特定艺术效果。就像抒情散文的封面选用自然元素和抽象色彩，网络界面选择几何图形和温和色块，元素的个性彰显着空间构成的鲜明主题（图4-20）。

2）突破常规构图的个性

常规构图在二维空间的构成中产生不出什么震撼力，行而上的艺术潮流给予社会很多思变的启示，尤其是以形式定论表现力的构图元素，把探索新的实验艺术形式化，并对接上构图个性，不难产生出突破常规的新型构图形式。当今许多从外向内的似乎残缺的构图形式，整幅构图显得空灵的形式，与后现代艺术思潮是异曲同工的（图4-21）。在二维空间设计中，打破常规本身就具有个性，加之形式化风格的突破表现，展现出来的构图元素就更加鲜明。

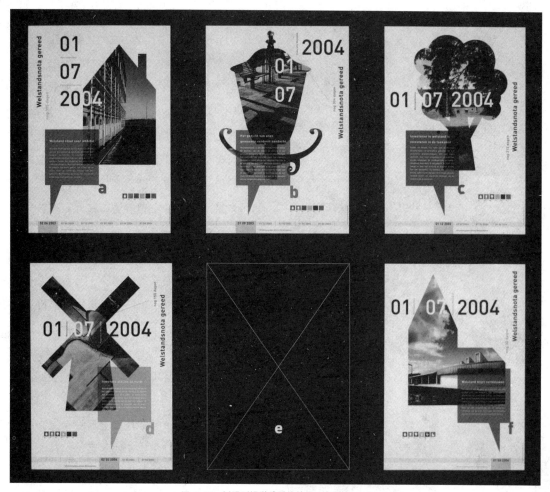

图 4-22　以强烈视觉感受的单纯元素构成（一）

3）以强烈视觉感受的单纯元素构成

现代设计把人们带到崇尚简约的特殊时代，高速的生活和工作节奏，环境资源的越发匮乏，全球国际化进程的加快，自然灾难的加剧等，人们从各个不同的角度呼唤着简约设计。选择最单纯的元素予以表现，用最朴素的手法直接表达，是将时代生命力注入了二维空间实体。没有浮华印刷的包装、植物叶做的装饰、平淡中见雅致的卡片等（图 4-22），单纯元素的表现创造出了区别于以往设计的强烈视觉感受。

图 4-22　以强烈视觉感受的单纯元素构成（二）

图 4-23 风格的定位由主题内容决定

图 4-24 元素形式和内容构成的互融

三、二维空间风格塑造

1. 二维空间风格的形成

二维空间风格的形成，看似外观简单的形式，其实是靠内在众多内容合力塑造而成的。主要体现在：风格的定位，元素形式和内容构成，版式构图，表现提炼等四大方面。

1）风格的定位，是由主题内容决定的

深入了解主题内容，吃透其中的核心指向，是确定风格定位的重要基础。这就像演戏看脚本一样，若对脚本不甚了解或只是一知半解，最后演出来的只能是徒于外表。空洞的形式化风格对设计没有什么实质意义。同样，空间风格的表现也需要有主题内容的支撑，需要有深刻而丰富的层次性主题表述，并确定在适宜的内容和形式的共通点上。如：网络媒介中的娱乐版和科技资讯版、体育和文学刊物等，它们各自特色内容和形式的共通点不宜互换，在此基础上再加强风格定位的个性表现，其感染力会从鲜明的内容和个性的形式两方面显露出来（图 4-23）。

2）元素形式和内容构成，是形成空间风格的"血肉之躯"

空间风格的精气神是完全靠每个元素的形式和内容的构成打创出来的。因此，在大的风格定位之下，元素的个性形式化表现和内容的特色化构成表现，是如同注入血和肉般的空间塑造。这也如同人们常说的"细微之处见成败"。刻意地挖掘每个元素在这个主题中的表现力，精心处理每个内容在这个主题中的感染力（图 4-24），空间风格会从每个元素和内容上自然地渗透出来。

3）版式构图，是二维空间构成中见筋骨的内容

在空间构成中，大的格局形成外在风格特征，版式构图是决定大格局的筋骨，空间中的每个元素都是按照版式构图的安排进行排列的。为了开拓二维空间风格，必须在版式构图上进行新的探索。可以基于人的认知规律的新变化编排信息元素，可以依据形式美变化趋势设置

版面构图，可以根据信息传递时代要求组合形式化内容（图4-25）等。在进行各种版式构图的同时，空间风格自然从其中展现出新的生命力。

4）主题表现提炼，是从一般内容中增强表现个性

空间风格是主题内容的核心展示，强化风格表现主题，始终是二维空间表现的诉求。主题中包含的内容比较丰富，提炼表现往往有多个选择，一般情况下，在设计师的敏锐捕捉中就会发现最具有代表性的内容，从内容延伸、多重意义表达、形象特征、元素的时代感、个性的可塑性等方面进行比较（图4-26），会从中显示出具有典型个性的内容。提炼就是要从这几个方面进行再润色加工，使内容在构成的每个触角都表现出强烈的个性。

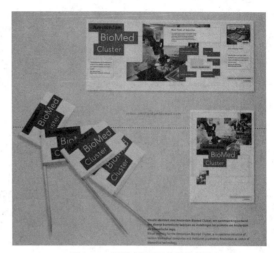

图4-25　以版式构图见筋骨的表现

2. 不同领域二维空间风格个性的影响和开拓

1）纸质媒介

是由报纸、杂志、图书等构成的最普遍的二维空间形式，它们渗透到了人们工作和生活的每个角落，以信息量大、成本低、形式通俗、个性各异的特色影响整个社会。因此，形式风格的开拓一直是纸质媒介的追求，在纸质、油墨、印刷工艺等技术基础上，空间关系中的版式、文字、图片处理、色彩、结构等元素，始终在努力创造新的个性表现，以常见常新的形式展现着时代风格（图4-27）。单纯的质朴形式，肌理和多质感的比较，视觉感的立体形式，文字中的人文气息等，纸质媒介时刻都在变。

2）影视媒介

是由电视、电影、动画等构成的具有动态特征的二维空间形式。以可变情节、画面变化、

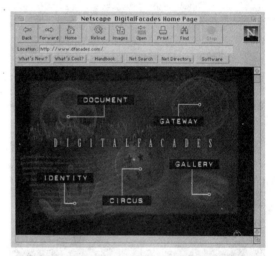

图4-26　以主题表现增强个性

图 4-27　纸质媒介的开拓

图 4-28　影视媒介的开拓

场景变换、特技处理等给人以强烈的震撼力。空间设计中的开拓，更集中于构图形式、画面切换、片头尾版式、特效控制等形式感受方面（图 4-28 ）。每个画面中二维关系的处理和个性创造，都具有整合视觉意识感受的积极进取意义和作用，是努力通过创造画面的形式感而产生认知上的意识取向，通过画面反映出人们关注什么、倾向于什么、欣赏什么……

3）网络媒介

是人们越来越依赖的特殊新型的形式。网络媒介已经改变了人们的传统生活和工作方式，以互动参与形式给人们带来了全新的感受。随着人类社会的发展，网络的二维形式会不断向视觉化三维特色发展，动感的刺激和互动的画面切换形式等越来越挑动人们的立体感受，基于平面元素成型的网络设计，在视觉元素和动感效果的结合表现上具有更深远的发展空间（图 4-29 ）。

4）广告媒介

是现代文化和商业等内容交融的特殊形式，在二维空间的表现中，广告的表达规律反映着从 50cm 到几十米甚至上百米的视觉效果的塑造，并融合了动画和网络形式的表现，所以，

图 4-29 网络媒介的开拓

广告对社会的影响和推进力表现在文化意识和商业行为等方面。空间设计在广告媒介上的表现性，是基于平面元素、社会行为特征、动画和网络形式、技术和工艺手段等方面的发展（图4-30），在广泛的社会综合应用意义上表现出的特殊社会文化和商业形式。开拓广告媒介，是立足于二维元素向三维展现空间的探索。这在社会越来越趋于向交叉纵深发展的时代，在形式表现的探索上更具有浓厚的时代价值和意义。

5）装饰品

是渗透现代社会构成的特殊形式，有户外装饰、建筑装饰、室内装饰等。纯粹的装饰是调节各类空间构成的特殊手段，既表现为审美意识和社会观念，又反映着空间表现力的种种调节手段（图4-31）。在艺术表现手段交相辉映的今天，许多装饰元素均来自于二维图形，通过变换手法形成特殊的三维表现效果。探索各种装饰元素的表现力和空间效果，已经成为不遗余力的空间艺术共识，也是多维表现的必然途径。

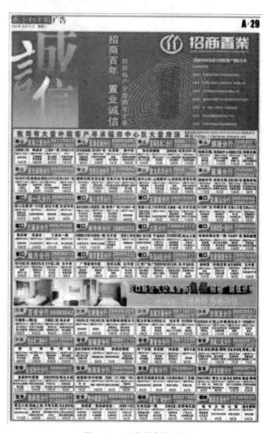

图 4-30 广告媒介的开拓

图 4-31　装饰品的开拓

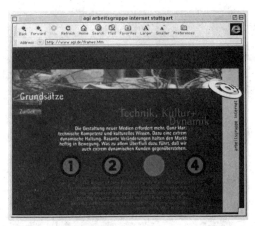

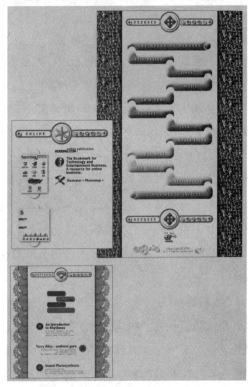

图 4-32　观赏者角度的二维空间构成风格

3. 多角度塑造二维空间构成风格

从观赏者角度看二维空间构成风格，是最本质的设计观念。每个观赏者就是普通的消费者，二维空间所表现的、传递的、张扬的是作为实体构成的客观存在，设计的客观作用不是强加给人，而是作为彼此实际存在中相互间的自然作用。就像买卖东西一样，有需求、有存在、有供给、有交往，才有沟通中的相互利益和价值实现。从这一点上看二维空间构成风格，构成风格需要有实质内容表现力的吸引，内在内容和外在风格的显示具有自然气息，形式化的个性关系具有一定的观赏趣味（图 4-32）。

社会功能角度的二维空间构成风格，是基于社会构成的相互关系看待设计。作为社会总体构成中的二维空间形式，是支撑其他构成共同生存和发展的必然基础，每个构成的发展有着必然的联系，其内容和形式是其他构成的补充（图4-33）。从这个角度看空间形态的发展，要在相互关联的关系中研究各自的生存状态和形式要素，以及形态的变化和转变趋势。二维空间的构成风格，是在自己的生存基础和彼此相联的关系中突破发展的，自身元素的转变和形式的突破，在社会形态感观上具有博大的表现空间和形式发展的可能性。

文化艺术角度的二维空间构成风格，是从纯粹的构成形式上看待设计。每个时代具有特定的文化艺术思想潮流，空间元素构成的每个细节都自然地融会表现，然而，物质固定下来的过程总是慢于思路的发展，在设计中就要努力以超前的文化艺术视角主导设计，并及时地以新的思路充实和丰富形式化的内容。风格个性的领先性往往表现于独特超前的文化艺术，二维空间构成的实体是以元素形式的实体表现（图4-34），所以，在形式化风格的探索和表现上，可以无所顾忌地大胆探索，以表现文化艺术形式要素为重要目的。

资源经济角度的二维空间构成风格，是从环保和经济杠杆的形式表现上看待设计。二维空间设计中的材料、结构、形象手法、工艺手段等，直观地反映着资源保护和经济杠杆的社会价值。从这两个方面考量空间元素的设计手法，是展现空间构成风格的重要内容。以再生资源、最少资源、最低成本、最便捷方式、最简洁形式等进行设计（图4-35），从构成风格上可以塑造出强烈的个性特征，体现出持续发展和有效发展的时代设计观念。

技术应用角度的二维空间构成风格，是从新技术发展观上看待设计。时刻注重新技术的

图4-33 社会功能角度的二维空间构成风格

图4-34 文化艺术角度的二维空间构成风格

图4-35 资源经济角度的二维空间构成风格

69

图 4-36　技术应用角度的二维空间构成风格

发展和应用意义，在空间表现中具有非常明显的作用和意义。印刷工艺、字体设计、图形加工、纸张材料、喷涂焊接等，新的材料、工艺、手段、技能等都会带来设计风格的变化。二维空间设计中曾经因新技术应用有过多少次的辉煌发展，覆膜技术、转印凹凸技术、聚乙烯材料、合金材料、冲压拉升技术等（图 4-36）。时刻关注技术发展和推进应用，可以由此打开设计风格变革的另一扇窗。

4. 兼收并蓄二维元素个性突出表现

现代社会构成的最大特征，是各个领域的广泛交叉和渗透，在二维空间构成中也是如此。社会意识形态和科学技术的发展，已经改变了传统的纸质媒介，其版式风格、流通模式、元素意义等都有了新的内容；影视媒介和网络媒介融会了多个领域的成果和意识概念，产生出了模拟场景、多维合成、虚拟互动等多个内容。领域交叉与渗透，会给每个元素、每个领域带来新的启发、新的概念、新的手法，注重交叉和渗透，从各个元素和本质构成个性上着手，有效推进着各个载体的新发展（图 4-37）。

他山之石可以攻玉，借鉴和融合不同流派的艺术构成是现代设计的创新观念。关注不同领域，我们会常常产生出许多新奇感，如：后现代艺术形式的调侃、幽默风格，建筑形式的符号寓意表现，民用产品航空技术的应用表现，运动形式中的极限挑战，精密技术应用中的模拟形式等。运用每个新奇感受刺激设计思考，元素的、形式的、表意的，都可转化成思变传统元素和内容的动力，给予二维空间新的表现点和视觉境界（图 4-38）。

元素间的新融合，是从形象元素上直接兼收并蓄的表现手段。放眼各个领域的不同元素

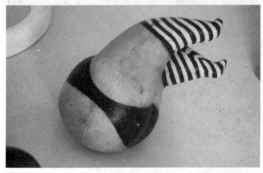

图 4-37　领域交叉与渗透的空间构成

构成和应用手段，在形成相互启发的基础上，更需要在元素特征、形象意趣、形式表现等方面进行比对，在彼此间尽量寻找构架结合的通路，产生出超越原本面貌的新特征、新意趣、新形式。元素个性的突出表现，更反映为把不可能、不可想象的东西变成首次构成的创举。这在二维空间形式的表现中还是比较容易展开的。就像把宋体字与罗马字融合，把东方建筑塔檐的符号与西方柱廊符号融会，表现出的意趣会是崭新的探索（图4-39）。

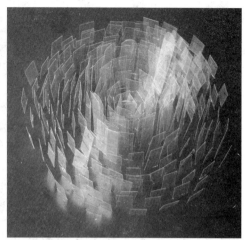

图4-38　新奇感受刺激设计思考的空间构成

四、二维空间造型表现鉴赏

在所有二维空间载体中，功能表现和艺术表现是设计目标中的两大表现诉求。它们在不同载体中展示着各自的特色。

1. 招贴海报、户外广告等

功能表现诉求：准

图4-39　元素间的新融合

确传达主题规定的信息内容；表达出层次分明的信息内容；在一定受众面上达到信息的有效沟通（图4-40）。

图4-40 招贴海报、户外广告的功能表现诉求

艺术表现诉求：优美的构图形式；符合时代潮流的立意风格；完美的元素形态构成；一定深度的审美意境；多种意向的想象空间（图4-41）。

2. 报刊杂志、媒体界面等

功能表现诉求：信息传达符合视觉认知规律；内容的信息层次编排有序；全面有效的信息沟通方式（图4-42）。

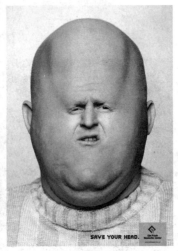

图4-41 招贴海报、户外广告的艺术表现诉求

艺术表现诉求：完美的编排版式；时代感的创意表现个性；精美的元素形态构成；多种审美意向的可展开空间（图4-43）。

图4-42 报刊杂志、媒体界面的功能表现诉求

图 4-43 报刊杂志、媒体界面的艺术表现诉求

3. 纺织品、装饰等

功能表现诉求：主题风格元素的可视化认知；材料质感的精细表现；制作工艺的精密表现（图 4-44）。

艺术表现诉求：鲜明的装饰个性特色；完美的元素组合和统一风格；一定的技术内涵外在表现；多种审美趣味的想象空间（图 4-45）。

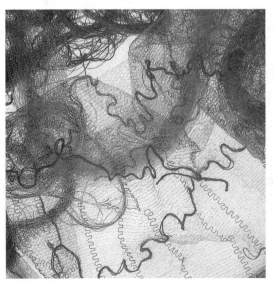

图 4-44 纺织品、装饰的艺术表现诉求

五、课题训练

课题 1 为必选。课题 2、课题 3、课题 4 可根据自己的爱好和条件，从中任选一题展开：

课题 1：二维元素编排的解析与重构；

课题 2：报刊杂志封面、内页编排的解析与重构；

课题 3：媒体界面综合内容编排的解析与重构；

课题 4：影视片头、片尾内容编排的解析与重构。

作业提交形式和要求如下。

课题 1：二维元素编排的解析与重构（规定纸张尺寸）

（1）在 20cm×20cm 的白卡纸上设置 30 个有节奏感的空间位置，在每个位置上以 1cm 尺寸概念的点排列，点的形状可从标准的正圆形、等边正三角形、正方形中选择一种，巧妙选择绘、刻、剪、折等统一的方法，把 30 个点从白卡纸上表现出来，表现出有节奏感和空间形态感的构成关系。

（2）每个人完成两张不同表现风格的作品。

课题 2：报刊杂志封面、内页编排和解析与重构（A4 纸打印提交）

（1）选择一种杂志，收集最近 10 期，用简要的文字分析空间元素编排关系的特色及每期的改变。

（2）用该杂志规定的内容，在元素形式上重新选择，对杂志封面、内页编排进行重新设计。

课题 3：媒体界面综合内容编排的解析与重构（A4 纸打印提交）

（1）选择一个机构的媒体系统界面，用简要的文字分析系统界面的编排关系特色及每个界面的改变。

（2）根据自己的判断，从中选择 3 个不理想的界面，运用原来规定的内容，在元素形式上重新选择，对界面进行重新设计。

课题 4：影视片头、片尾内容编排的解析与重构（A4 纸打印提交）

（1）选择两部影视作品，用简要的文字分别分析片头、片尾的内容编排特色及每个截面的改变。

（2）根据自己的判断，从中选择一部不理想的片头和片尾，运用原来规定的内容，在元素形式上重新选择，对其进行重新设计。

第五章　三维空间

一、三维空间设计应用领域

1. 从两维空间迈向三维空间

一个平面中的长方形有长、宽两个尺寸维度，而一个长方体则有长、宽、高三个尺寸维度。虽然在摄影、绘画等两维空间中可以借助透视法则表现三维空间，但我们生活的室内外空间和使用的各种产品，却是看得见摸得着的三维空间模式。

从两维空间迈向三维空间，需要学会从立体的角度去思考问题，需要考虑的不只是面积，还有体积，三维物体也因为不同的观看角度而呈现出比两维图形更丰富的形态特征、更丰富的材质、视角和光影效果（图5-1）。

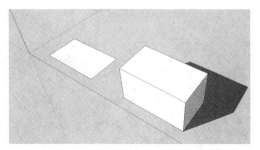

图 5-1　从两维到三维

2. 不同三维空间设计领域的应用举例

1）产品设计

产品的空间形态属于工业设计领域，汽车、飞机、轮船等交通工具如同移动的建筑，有明显的内部空间（图5-2）；沙发、橱柜等家具也有一定可供使用的内涵空间（图5-3）；电视机、手机等日用品虽然没有明显的内部使用空间，但也以其特殊形态占有一定的空间体量。广义的产品空间包括内部空间和外部空间形态两种类型，内部空间形态指产品部件组合形成的内部空间关系，外部空间形态指产品外边缘的可操作功能向人延伸的外部空间关系。

图 5-2　游艇的内部空间

2）景观设计

景观设计以外部空间为主要研究对象，探

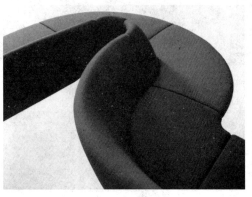

图 5-3　家具的空间

讨合理运用自然元素和人造元素，提升户外空间质量，为人类创造更美好的户外生活空间（图5-4）。

3）建筑设计

建筑设计是在自然中限定出来的有内部使用功能的人造构筑物，建筑和雕塑一样，都是有特定三维形态的人造构筑物，但建筑最大的特点在于建造的目的是提供可供人使用的内部空间，同时又延伸出建筑的外部艺术空间（图5-5）。

4）演艺空间设计

演艺空间涵盖各类舞台剧、大型活动和文艺表演、影视场景，演艺空间设计也称舞台美术设计。服饰化妆、灯光道具甚至音乐都是演艺空间不可分割的组成部分，主题性、时效性和综合艺术表现力是演艺空间设计的主要诉求点（图5-6）。

5）室内设计

室内设计是建筑设计的深化和继续，其研究对象是建筑的内部空间。核心围绕室内空间重塑，通过室内空间界面、材质、色彩和光影、家具、软装饰等诸多元素的综合应用，为人类创造更美好的室内生活环境（图5-7）。

图5-4 景观设计

图5-5 建筑和雕塑

图5-6 北京奥运开幕式组图

图5-7 室内空间设计重塑建筑内部环境

6）会展设计

会展设计是面向展览展示领域的特殊空间设计，无论是短期展览会还是长期的企业展厅、博物馆、科技馆等设计，其主要目的都是创造能传达特定信息的展示空间（图5-8）。

3. 三维空间设计领域的共性表现

用实体形态限定出特定领域或场所是三维空间设计的共同特征。草地上的一块野餐垫布和雨中的一把撑开的伞（图5-9）都在自然空间中产生出某种特定的"场"效应，这种"场"效应我们通常称之为"空间"。如同磁场一样，它们有时虽然不像一件东西那样实实在在，但你无法否认它们的存在。一幢复杂建筑的空间相对一把伞下的空间，其形态更明确，空间内涵也更丰富，但原理其实是一样的。

讲到空间与实体，大家都会提起中国古代思想家老子关于捏土造器的精辟论述。捏土造器（图5-10），其器的本质已不再是土了，在它当中产生了"无"的空间，即我们可用来盛放物品的地方，捏土只是手段，造器才是目的，人类创造建筑同样如此，门窗和墙壁是实体，但只是构成空间的物质基础，我们真正使用的是实体限定出来的内部和外部空间，但空间无法离开实体单独存在。因此，空间创意，无论是建筑、景观还是室内设计，包括展示、演艺空间和部分产品空间，虽然从实体出发，但不能只停留在对实体的造型上，其本质是在创造某种特殊功能的空间场所。

4. 三维空间设计领域的个性表现

不同空间的使用目的决定着不同的空间个性。景观设计以创造户外活动空间为目的，涉及的空间体量较大，构筑物分散在自然环境中；而

图5-8 小型展厅设计

图5-9 一把阳伞撑出的休闲空间

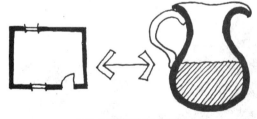

图5-10 建筑与捏土造器

建筑设计主要目的是创造满足某些特定功能需要的、有内在使用空间的人工构筑物，尺度范围相对景观设计要小一些，空间也更封闭；室内设计以研究建筑内部空间为主，空间尺度与人体尺度相对接近，对空间构筑物细节要求较高。

图 5-11　几何形不锈钢树池与草坡的融和

图 5-12　喷泉和绿化营造的户外空间

图 5-13　江南水乡乌镇的水街

二、三维空间构成元素

1. 三维空间中的实体元素

1）人工实体元素

人工实体元素指非自然的人造物，如草地上的不锈钢座椅、路边的垃圾桶、室内的灯具或家具等。除了这些有明确使用目的的人造产品外，一些抽象几何形体及其变体也是空间限定中常用的元素，这些元素一般可以归纳为具有点、线、面、体四种基本造型特征（图 5-11）。这些抽象几何形体可以由自然材料构成，如建筑常用的砖；也可以由人工合成材料构成，如塑料或合金的门窗。这些人工实体元素被广泛使用，是人类改造自然空间，为自己创造更美好家园的重要元素。

2）自然实体元素

水、绿化、山石都是常见的自然实体元素。草坪上的一棵大树或一组喷泉可以在周围限定出一个空间（图 5-12）。现代室内空间设计中，人们也纷纷引入具有自然气息的绿化、山石、水面，以取得视觉的愉悦舒适和心理的平衡。

"梨花淡白柳深清，柳絮飞时花满城"，绿化以它所具有的多姿多彩的形象和色彩，大大柔化了室内外空间环境，是其他材料无法替代的空间限定元素。绿化常在室内外空间中起到分隔区域、阻挡视线、引导视线和人流方向等作用。

水是生命之源，亲水是人的天性。人们临水而居，用水灌溉，发电，行船……在室内外空间设计中，水景更是不可多得的空间塑造元素。从江河湖海、池塘湿地的自然水景，到水池、喷泉、水道、水岸等人造水景；从东方崇尚"理水"的静态水景到西方崇尚"玩水"的动态水景，水，以其生动多变，可塑性极强的形态特征，吸引人们去赏水，玩水，伴水而居（图 5-13）。

山石也是自然和人造景观中的常用元素。从中国古典园林中假山、太湖石的"师法自然"，到现代宾馆大堂等公共空间，山石始终是深受欢迎的设计元素（图5–14）。

图5–14 苏州博物馆的泰山片石模拟中国水墨山水

2. 三维空间中的色彩元素

相对两维画面空间的色彩而言，三维空间色彩变化更加丰富细腻，例如天坛祈年殿在不同季节、一天中的不同时段看，以及从不同角度看，色彩都不一样。立体形态的色彩更多地受到空间光环境的影响（图5–15）。

色彩具有塑造空间的神奇力量，巧用色彩和巧用光线一样，可以在几乎不增加造价的基础上大大改善空间质量。众所周知，色相、明度和彩度是评价一个颜色的三要素。简单讲，色相指"是什么颜色"，不同的光波波长，决定着不同的颜色。明度指"色彩的明暗程度"，也称亮度，它主要由光波的波幅决定的。彩度指"色彩的纯净饱和程度"，彩度越高，色彩越纯。彩度决定于所含波长是否单一。

色彩通过人的视觉感受传达到大脑，引起联想，从而产生不同的心理感受。就大多数人而言，他们对色彩的心理效应具有相似性，但同一色彩由于观者的心情好坏或空间环境优劣等主客观因素，常会引起积极和消极两种截然

图5–15 天坛祈年殿的华丽配色

不同的效应。例如：红色可以让人感到热烈兴奋，也可以让人感到凶恶卑俗；灰色可以让人感到平静高雅，也可以让人感到忧郁乏味。人们对色彩的心理感受，还往往由于年龄、性别、文化、职业、民族、宗教信仰、风俗习惯等多种因素而有所差别。设计师通过研究色彩心理学，有助于在空间设计中合理运用色彩，创造最佳空间感觉和气氛（图5–16、图5–17）。

图5–16 故宫的配色传达出皇家气质

图 5-17　北京 T3 航站楼立柱色彩变化产生空间识别感

图 5-18　印度孟买蓝蛙休闲酒廊室内光环境设计

图 5-19　北京奥运游泳馆水立方的 LED 变光墙体照明

图 5-20　建筑入口用砖砌筑的肌理

3. 三维空间中的光影元素

黑暗使空间无形，而光使空间获得生命！同样的空间，不同的光环境设计会产生令人意想不到的差异。光色和照度强弱的改变往往会对空间起到某种程度的限定。采光部位、照明方式、光色的冷暖以及照度的强弱，都能有效改善人们对空间的感受。大面积的侧光使人感到开敞；条形的采光口使人感到高耸；冷光色有空间扩大的感觉，暖光色有凝聚、紧缩感等。

光影具有塑造空间的强烈力量。学过素描和摄影的人都知道，平光虽然使物象清晰，但侧光和逆光会产生强烈的立体感和艺术感染力。亮部和暗部演绎着虚实的变化，而恰到好处的高光如同点睛之笔，因此善用光者常常能化腐朽为神奇（图 5-18）。

可见光是由光源直接产生或经被照体反射，从物理学的观点看，光是电磁波谱的一部分，波长范围在 380～780nm 之间是能产生视觉的辐射能。任何物体发射或反射足够数量合适波长的辐射能，作用于人眼睛的感受器，就可看见该物体。而不同的波长就产生了红、橙、黄、绿、蓝、紫的色彩变化。

光源类型分为自然光源和人工光源两大类。自然光源主要指日光和天空漫射光，人工光源主要有白炽灯、日光灯、节能高效荧光灯、金属卤化物灯、发光二极管（LED）等（图 5-19）。

从照明方式上可分为：直接型照明、半直接型照明、全漫射型照明、半间接型照明和间接型照明五种类型。

光通量、照度、色温、显色性、光比是定量评价光环境设计的几个重要指标。

4. 三维空间中的材质肌理元素

材质肌理往往依附于实体元素，成为空间界面设计的重要元素，在视觉和触觉上具有很强的细节感染力。不同材质往往具有不同的肌理和质感，如木材温润、钢材冰冷坚硬、玻璃光洁；同样的材质也因为表面处理和排列方式不同而呈现不同肌理，如同样一种花岗石，因为表面加工方法不同，磨光板、烧毛板和斧剁板就具有完全不同的肌理。而同一种花岗石板铺装方式不一样，肌理也会不一样。善于利用材质和肌理的设计师会创造出丰富的空间细节感（图5-20）。

图5-21 机场指示牌设计

5. 三维空间中的图形元素

三维空间中的两维视觉传达设计又被称为"环境图形设计"，英文为"Environmental Graphic Design"。教堂穹顶的宗教绘画、公共环境的导向系统，展厅内的图文板，专卖店里的招贴画或商场中的促销海报等，都属于环境图形设计的领域。环境图形设计最大特点是图形依附空间存在并融入空间，设计师不但要熟悉平面设计、信息传达设计，还要有很强的空间意识（图5-21、图5-22）。

空间中的图形元素通常被当成软装饰的一部分，其实无论是"硬装饰"还是"软装饰"。空间图形元素是空间不可分割的组成部分，是创造空间风格的重要载体。随着多媒体技术的发展，环境图形设计领域逐步向电子图形渗透交叉（图5-23）。

图5-22 户外公园指示牌

图5-23 空间中的互动数码图形设计

图 5-24　西班牙高迪公园内的生态长廊

图 5-25　不同材质搭配出的大跨度采光顶

图 5-26　蝴蝶展示的和谐配色

三、三维空间元素的提炼和积累

1. 空间元素的采集和再创造

1）空间形态采集

自然界蕴含着奇特而丰富的形态元素，例如仙人球、竹等植物具有奇特的空间形态结构；动物界也有很多天才建筑师，如水獭是水下筑坝专家，蜜蜂、燕子和蚂蚁则是筑巢高手。

从自然界采集提取形态元素是丰富设计师空间造型语言的重要手段。大量仿生建筑就是人类向自然学习和再创造的产物，建筑仿生主要包括形态仿生、结构仿生和功能仿生三类（图 5-24）。

除自然界外，人类文明发展进程中留下了许多珍贵的空间文化遗产，行走于北京故宫、苏州园林，徜徉于雅典卫城、古罗马角斗场，

我们常常被这些人类建筑空间的精华深深打动。从中国的宫殿坛庙、园林民居，到西方近现代纷呈的建筑流派，细细品味每一位大师的作品，像海绵一样从古今中外的杰出空间中采集形态语汇，我们的眼界也就一点点宽了起来，我们的设计也会进入新的天地。

2）材质采集

空间中使用的材质包括天然材质和人工材质两大类，材质种类繁多，往往需要相互搭配使用。材质的色彩肌理、光洁度、透明度、硬度等物理特征直接营造出空间的细节氛围。而材质的耐候性、耐热性、保温性等化学特征决定了其使用场所。随着科技的发展，新材质以及新工艺不断涌现并被广泛应用到建筑和室内空间，因此对材质使用的观察和采集是积累空间设计元素的重要环节（图 5-25）。

3）色彩采集

忽略形态特征，如果我们单独分析一个蝴蝶翅膀、一副敦煌壁画和一副杨柳青年画的配色，你会发现他们使用的色彩色相、彩度、明度以及各个色彩搭配比例都是不同的。如果把这些色彩按相同比例重新搭配构成一副新图，会产生相同的色彩感觉。单独对色彩要素进行数据分析和记录，我们称为色彩采集（图 5-26）。

图 5-27　西班牙某博物馆入口大门设计，
图形元素采集自植物纹样

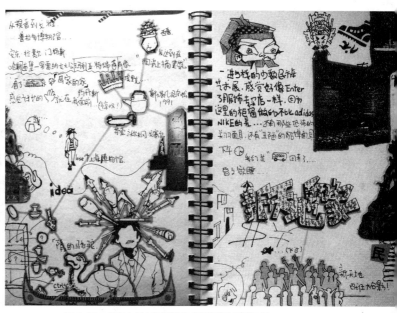

图 5-28　复旦大学上海视觉艺术学院学生视觉日记

4）图形采集

空间中的两维图形图像传达出空间的文脉，体现空间细节。例如中式建筑中常用祥云如意纹，而西方新艺术运动中则喜好卷草花卉纹。从自然和人造物中发现有价值的图形元素并记录下来，会成为日后设计的重要素材库（图 5-27）。

2. 观察和记录身边的空间元素

勤于观察和记录是人获取信息的重要途径，赖特兄弟从鸟的翅膀发现了飞行的奥秘；达尔文通过长期的观察创立了"进化论"学说。作为一名空间设计师，观察自然界，可以从动植物那里学习到优美的造型和独特的结构；观察人在空间中的行为规律，可以知道空间该如何去满足人的需要；观察已有的建筑空间，可以从他人的设计中吸取宝贵的经验或教训。一双会观察的眼睛加上一双勤于记录的手，是创意思维的源泉。记录可以采用视觉日记的方式，即以经过提炼的速写为主，加上简单的说明文字（图 5-28）。

四、三维空间的构成

1. 空间限定手法

空间创意过程中最重要的是如何用实体来限定出特定的空间来，只要稍加留意，你就会在我们身边的空间中找出许多限定方法，为了便于分类阐述，我们作如下归纳。

1）围合

围合是最常见的空间限定手法，其实例在我们周围比比皆是。例如我们通常使用的房间都是由墙壁围合而成的；办公室里的隔断围合出每个人的办公空间；小区围墙围出特定的居住空间。北京四合院、福建土楼都是典型的围合式民居。许多户外活动空间也靠绿化来围出一定区域（图 5-29）。

围合物的高度和疏密程度决定了空间限定度的大小。不难理解，农庄里密排的木栅栏肯定比稀疏的木栅栏更具封闭感；办公室里 1100mm 高的隔断只起到简单的分割作用，

图 5-29　福建土楼属于典型的围合式民居

图 5-30　下沉式城市广场

1500mm 高的隔断已经有较强的围合空间的效果，1800mm 高的隔断相当于房间效果了。围合物高度的临界点是人的视线高度，围合物一旦超过此高度，人的心理会立即产生封闭感。设计师需要根据不同的使用要求选择合理的空间限定度。

2）高差变化

高差变化也是广泛应用的一种空间限定手法，高差变化主要通过凸起和凹进两种方式来限定空间。例如室内装修的地台和顶面的吊顶，室外的下沉式广场都是典型的实例（图 5-30）。

3）覆盖

覆盖是从顶上展开的一种围合，建筑的屋顶、雨伞、亭都是典型的覆盖。覆盖物可以遮阳避雨，所以具有较强的空间限定效果，但覆盖物的疏密程度同样对空间限定度有很大影响（图 5-31）。

4）构架

构架是特殊的围合或覆盖，构架物多为柱列、廊架等稀疏的线性实体，以一定数量排列而对空间产生限定作用。构架通常较为通透，对空间的限定程度不如面的围合和覆盖强烈（图 5-32）。

图 5-31　浦江游船阳光甲板的膜结构覆盖出宜人的空间

图 5-32　城市公园里构架限定的空间

5）设立

天安门广场的人民英雄纪念碑对周围空间产生了某种特殊的吸引力，在广场上形成了一个新的空间，我们把这种纪念碑式的中心物称为设立。设立物如同磁场效应中的磁铁一样，对周围形成了一种"空间场"，离设立物越近，空间限定效果越强烈（图5-33）。

6）肌理变化

肌理变化改变了表面质感。例如草地上的一块硬质铺地便限定出新的空间，这种手法我们可以归纳为肌理与质感的变化。肌理强调材料的表面效果，如光面花岗石或毛面花岗石会在地面产生变化（图5-34）。而质感强调不同材质之分，如客厅入口的花岗石铺地和内部的木地板区域就会产生不同的空间感觉。

7）色彩和灯光变化

色彩和光照是空间环境设计中最生动和最活跃的两个因素。

光色和照度强弱的改变往往会对空间起到某种程度的限定。有经验的室内设计师会巧用光环境创造出丰富的空间变化。例如在博物馆设计中，为了突出展品，减少周围环境的干扰，可以采用降低背景光照度，对产品进行重点照

图5-33 天安门广场的人民英雄纪念碑形成的空间场

明。这种增加光比（亮度反差）的方法被广泛运用在展示空间设计中（图5-35）。

8）多种手法的综合运用

空间设计师在构思独具特色的空间形态时，往往在自觉和不自觉之间综合运用多种空间限定手法，包括对绿化和水景的充分运用来界定空间。杰出的空间设计师就像一个指挥大师一样，把各种实体材料当作乐器，把各种空间限定手法当作乐谱，演绎出动人的空间乐章来（图5-36、图5-37）！

图5-34 上海市人民广场的铺地变化

图5-35 浦江游船室内环境中色彩和灯光变化营造的空间

图 5-36　上海电视台演播大厅综合应用了多种限定空间手段

图 5-37　豪华邮轮的阳光甲板综合应用了各种空间限定手段

2. 三维空间构成形式法则

1）尺度与比例

合理的尺度和比例是空间的重要指标。建立尺度感觉是每个空间设计师的入门必修课，一个老练的空间设计师的眼睛就是一把无形的尺，对面积和长度有相当准确的目测精度。同时，抽象的面积、高度、长度数据在建筑师脑海里呈现的是具体的大小。如规划师可以准确感知 1 平方公里、1 公顷、1 亩的大小，而室内建筑设计师对各种空间使用单元的大致面积、层高、走道宽度、基本家具尺度熟记于心。

离开尺度概念谈空间创意，无异于建造空中楼阁。因此，即使是平面设计草图，也要有相对准确的比例，同样一张床，在 1：50 的草图和 1：100 的草图中大小相差 1 倍。当然，设计师首先应该知道一张单人床和双人床的大致尺度。

有了尺度感并不一定能设计出合理的空间来，空间的尺度往往是由其性质和使用功能决定的。如汽车城市和步行城市的街道宽度就有很大差异。一个下沉式广场的直径往往取决于它计划容纳的人数和从事的活动类型。室内空间和室外空间由于研究的对象不同，尺度概念

也有所不同。25m×25m 的面积对室内空间来说已经相当大了，但对室外空间来说只能是个小广场。

哥特式教堂高耸向上的空间形态使人产生渺小感而寻求上帝庇护；古镇老街窄窄的街道、低矮的房屋使人产生亲切感；大城市巨大的楼群给人压抑感。人把自己身体的比例当一把尺，去度量空间的大小。

空间尺度与速度有关，如果要使快速运动的人看清楚对象，就必须将它们的形象和尺度大大夸张。因此，汽车城市和步行城市就有完全不同的规模和尺度。在汽车城市中，标志和告示牌都必须巨大而醒目才能看清。而步行城市中的慢速交通使每个人都轻松自在，并有时间去感受建筑细节，停留乃至参与其中（图 5-38、图 5-39）。

空间尺度还与人的知觉和交往需求有关。如在 70～100m 远处，可以比较有把握地确认一个人的性别、大概年龄以及这个人在干什么，因此，从最远的体育场看台到球场中心的距离通常是 70m 左右；在大约 30m 远处，面部特征、发型和年纪都能看到，30m 也是演讲距离的转折点，超过 35m，倾听他人的能力就大大降低了；当距离缩小到 20～25m，大多数人能看清别

人的表情和心绪。在这种情况下，见面才开始变得真正令人感觉有兴趣，并带有一定的社会意义，因此25m是外部空间设计的一个重要模数（图5-40）；在7m以内，耳朵是比较灵敏的，在这一距离内交谈没有什么困难，这通常是熟人见面打招呼的距离；在1～3m的距离内能进行较亲密的交谈，体验到有意义的人际交流所必需的细节。在这一范围内，又可以定义一系列的社会距离。

（1）亲密距离（0～45cm）。亲密距离是表达温柔、舒适、爱抚以及激愤等强烈感情的距离。

（2）个人距离（0.45～1.30m）。个人距离是亲朋好友或家庭成员之间谈话的距离，家庭餐桌上人们的距离就是一个例子。

图5-38　江南水乡小镇具有适合步行的尺度

（3）社会距离（1.30～3.75m）。社会距离是朋友、熟人、邻居、同事等之间日常交谈的距离。由咖啡桌和扶手椅构成的休息空间布局就表现了这种社会距离。

（4）公共距离（大于3.75m）。公共距离是用于单向交流的集会、演讲，或者人们只愿旁观而无意参与这样一些较拘谨场合的距离。

比例反映了空间尺度之间的关系，如长宽比，高宽比，局部与整体的尺度对比等。恰当的比例不但有利于空间的使用，还给人协调的美感。例如古希腊和古罗马建筑就依靠严格的几何比例关系来建立秩序感。

图5-39　西班牙小镇悠闲的行人

2）聚集与离散

分布在山野的民居和聚集在平原的城市呈现出不同的空间形态（图5-41）。聚集产生向心力，便于交流，有安全感，如福建土楼和北京四合院；而离散有距离感，可避免干扰。空间设计中是聚还是散，取决于空间的使用功能要求。

图5-40　香格里拉一个30m×30m大小的
广场吸引了众多活动参与者

图 5-41
丽江古城全景

3）统一与变化

也称有序和无序，体现在空间形态、材质和色彩等诸多方面。统一产生均衡的秩序感，如对称、整齐、相似都产生有序的统一感，但只强调统一容易产生单调感，变化可以赋予空间活力感，如许多前卫建筑通过表现紧张、冲突、变形等手段使形态具有生动的张力感，但太强调无序变化又容易产生杂乱感（图 5-42）。

近年来心理学和人类学研究表明，最佳的复杂性图示有一个范围，过分简单和过于复杂以致混乱都不会令人愉快。因此，寻找最佳平衡点是空间设计师孜孜以求的目标（图 5-43）。

4）韵律与节奏

都说建筑是凝固的音乐，音乐最讲究的是韵律和节奏，空间设计同样如此。只是设计师和作曲家所用工具不一样而已。韵律是多元素

图 5-42　北京奥运鸟巢看似无序其实有序

图 5-43　皖南宏村月沼民居群落在统一中有变化

集合传达出的一种统一特征，如同一首乐曲的基调，而节奏体现了韵律中的变化频率。良好的空间韵律和节奏感会给人以极强的美感（图5-44）。

5）叙事与象征

故宫严格的中轴对称，等级分明的建筑形制象征封建皇权的威严；哥特式教堂高耸的尖顶象征与上帝的对话，让人心生崇敬之心（图5-45）。人们建造空间，不只是简单满足遮风避雨的生理需求，让空间满足心理更高层次的需求也是设计师的重要责任。 高明的设计师让空间充满叙事性和象征性，让那些或威严，或崇高，或壮美，或温馨的空间无语地讲述故事。

6）融合与错觉

设计师可以利用色彩错觉、图案错觉、对比错觉、灯光错觉等多种手段创造空间的融合和错觉感。凡尔赛宫的镜厅营造出光怪陆离的空间视错觉，大大扩展了空间边界，这种使用镜面来扩大空间感的做法被广泛应用（图5-46）。又如在低矮的房间里，可以用压低家具尺度，多使用竖向线条装饰等手段造成房间拔高的空间错觉。

3. 三维空间构成风格

空间风格是各种因素的综合体现。不同的形态和空间限定手法、比例尺度、形式法则、材质、光影色彩等共同作用，传达出不同的空间风格。

高技派风格的设计师喜爱光洁的金属材料和极富工业感的节点装饰（图5-47）；而乡土风格设计师则偏好木、竹、藤等自然材料；白色派设计师对色彩的单纯情有独钟；极简主义者抛弃一切不必要的装饰，崇尚少就是多的设

图 5-44 布达拉宫传达出的韵律和节奏感

图 5-45 巴黎圣母院

图 5-46 某餐厅利用镜面错觉扩大了空间感

图 5-47 安德鲁设计的国家大剧院有着高技派和极简主义特征

图 5-48 单元体平面繁殖（同济大学设计系学生示范作业）

图 5-49 单元体三维繁殖
（上海交通大学设计系学生示范作业）

图 5-50 单元示意图

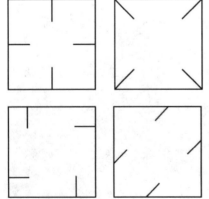

图 5-51 正方形单元开槽举例

计原则；解构主义设计师醉心于打散与重构，在无序中寻找有序……在设计日趋多元化的今天，不同大师的三维空间风格体现了不同的设计哲学。针对不同空间类型确立与之相适应的风格，才能做到既有设计风格又不拘泥于设计风格。

五、课题训练

1. 空间构成练习一：两维几何面的空间繁殖

步骤一：基本几何形的两维空间繁殖。

以圆、正方形或正三角形为点状单元母题，在 200mm×200mm 的白卡纸上做黑白两色平面构成。单元可以有变形。推荐采用重复、渐变、发散等骨骼结构组织相同或相似单元（图 5-48）。

要求：徒手绘制，可以使用电脑辅助构思。

工具：尺规作图方法放样，针管笔打稿，黑水粉填色。

步骤二：用选取的基本几何单元面做三维空间繁殖。

要求：先用几何面构建简单形体和空间单元，再繁殖扩展为更大的形态和空间（图 5-49）。

材料：单一卡纸（图 5-50）。

工具：尺规作图方法放样，美工刀或剪刀切割卡纸。

单元数量：相同大小的基本形单元 50 ～ 100 片，大小自定。

连接方法：在卡片单元上开槽，开槽方式自己设计（图 5-51），然后插接成立体单元并繁殖为更大空间形态，不能使用胶水。

底板：200mm×200mm 硬质底板（如 KT 板），要求放卡纸人作为尺度参考，比例自定（图 5-52）。

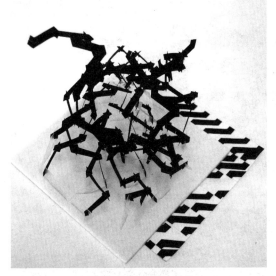

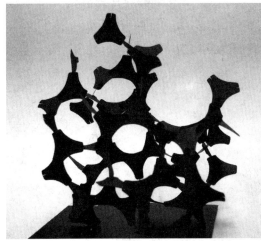

图 5-52 空间繁殖示范
（复旦大学上海视觉艺术学院 2008 级学生作业）

作业目的：理解从两维到三维空间的转换；理解从基本形到基本空间单元再到复杂空间形态的构建过程；理解元素和骨骼的关系；理解平面和立体形态的基本构成法则。如：重复、渐变、发散、变异等。

2. 空间构成练习二：从两维到三维的空间生长

步骤一：线的平面空间分割。

要求：使用"线"的元素对 200mm×200mm 的平面空间进行自由分割练习，局部线可以异化为面和点。但要考虑空间生长后的效果。

材料：在白色 KT 板上拼贴黑卡或在黑色 KT 板上拼贴白卡。

工具：尺规、美工刀或剪刀、白胶。

底板：200mm×200mm KT 板硬质底板。平面分割完成后拍照留底。

步骤二：将平面图上的元素进行三维生长，建立空间。

要求：按正投影法则将平面的"线"发展为空间线或空间面，模拟梁柱和墙体来构建一个空间。空间限定手法不限。

材料：KT 板或航模材料。

工具：尺规、美工刀或剪刀、白胶。

底板：200mm×200mm KT 板硬质底板。要求放置卡片人，比例自定（图5-53、图5-54、图5-55）。

作业目的：理解从平面到空间的转换；自己摸索总结构建空间的方法和手段；体会比例与尺度、聚与散、统一与变化、韵律与节奏、对比和均衡等形式法则，建立形式美感。

图5-53 空间生长示范（复旦大学上海视觉艺术学院2008级学生作业）

图5-54 空间生长示范（复旦大学上海视觉艺术学院2008级学生作业）

图 5-55 空间生长示范
（复旦大学上海视觉艺术学院 2006 级学生作业）

图 5-56 200mm×200mm×200mm 空间分割示范
（复旦大学上海视觉艺术学院 2008 级学生作业）

图 5-57 200mm×200mm×200mm 空间分割示范（复旦大学上海视觉艺术学院 2008 级学生作业）

3. 空间构成练习三：单一立方体的空间分割（200mm×200mm×200mm）

要求：在 200mm×200mm×200mm 的立方体空间范围内，使用点、线、面、体元素进行空间分割，可引入光的元素。立方体基本单元可以采用框架或面材围合，空间支撑结构和围护结构最好合二为一。

材料：材质不限（但种类不要超过 3 种）。

要求放卡纸人作为尺度参考，比例自定，推荐比例 1：50 或 1：100（图 5-56、图 5-57）。

作业目的：进一步领会空间构成的元素和限定方法；理解空间限定度的概念；理解材质、光影对空间塑造的作用。

第六章　四维空间

图 6-1　《下楼梯的女人》（左图，杜尚）

图 6-2　一步一景是中国古典园林的常用造园手法

图 6-3　苏州留园

一、四维复合空间设计应用领域

1. 从三维空间迈向四维空间

现代艺术中早就有四维空间的概念。先锋派画家杜尚在他的《下楼梯的女人》画中，用类似摄影多次曝光的手法在两维画面中表现三维物体的运动过程，即呈现给观者第四维的东西——时间。而毕加索晚期的许多超现实绘画也具有很强的四维特征（图 6-1）。

而空间，本身就具有四维特征，即时间性。中国园林的"步移景易"很好地解释了空间与时间的关系，这种游历于建筑空间内部的感觉和从外部观看一座雕塑的感觉有本质区别（图 6-2）。

2. 场所与场合

在空间层次丰富的建筑群，或内部空间变化多端的大型建筑，观者通常能强烈感受到空间的四维特征。在曲径通幽、百转千回的苏州园林（图 6-3），在层层推进的北京故宫，在错落有致的江南水乡小镇，观者都能感受那份时空转换的期待和愉悦。如果把特定的空间称为"场所"，那么特定时间下的空间"场所"就可以称为"场合"。

3. 四维空间的个性表现

由于文化的差异性，东西方传统建筑中对四维空间有不同的表现手段。中国传统建筑单体往往并不像西方建筑那样华丽壮观，但在对

图 6-4　故宫全景

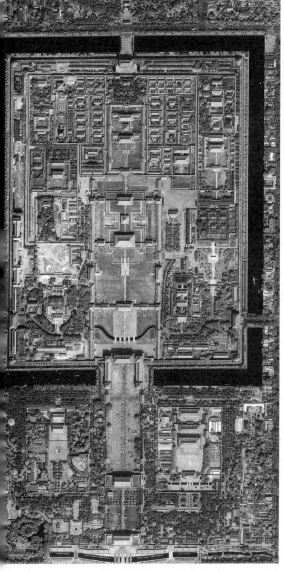

图 6-5　故宫平面图

四维空间的理解与应用上更胜一筹。中国传统建筑多水平展开，依靠群体形成的复杂空间层次和空间序列，给人很强烈的步移景异的变化感和感染力（图 6-4、图 6-5）。西方传统建筑师喜欢在空间设计中，一开始就给人看到雄伟的全貌，给人以强烈印象和视觉冲击；而中国传统建筑师，常常有节制地不给人一下看到全貌，一面使人有所期待，一面采取可以一点点掌握地推进空间布局。很难比较两种手法的优劣，但巧妙地将二者结合起来，不失为高明的选择。

不同设计大师也有不同的四维空间观。例如在贝聿铭设计的苏州博物馆里，我们可以欣赏到借景手法的精妙运用，这种在有限空间中表现无限空间的手法在中国古典园林中比比皆是（图 6-6）。而密斯 1929 年设计的巴塞罗那世博会德国馆模糊室内外空间界限的手法也很有特色（图 6-7）。在赖特设计的纽约古根海姆博物馆里，一个螺旋上升的坡道更是打破了楼层的概念，让参观者连贯地行走在整个建筑中欣赏艺术品（图 6-8）。

图 6-6　苏州博物馆新馆的借景设计

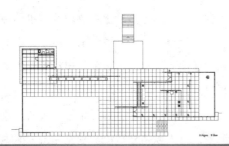

图6-7 巴塞罗那世博会德国馆

图6-8 纽约古根海姆博物馆的螺旋坡道

二、四维复合空间构成分析

1.复合空间的构成类型

复合空间通常由两个以上的空间领域按一定结构组合而成，空间与空间之间关系如同数学中的集合关系，可以并列，可以包容，可以交叠，当多个不同空间交织在一起，便产生了丰富的空间层次和空间序列（图6-9）。

以一套住宅设计为例可以简单说明复合空间的构成。一套普通住宅通常有客厅、餐厅、厨房、卧室、卫生间、阳台、储藏室等不同空间细胞单元，在这些空间单元中，有些从功能上要求相临，如餐厅和厨房；有些要求远离，如门厅和主卧室；有些空间之间要求有过渡空间连接，如两卧室间的走廊；客厅往往与餐厅并列或相交；门厅则常常从属于客厅，是客厅大空间里的一个有明确功能分工的小空间。一套好的住房各空间大小合理、位置安排恰当，使用也就很舒适，也就是我们通常讲的"房型好"（图6-10）。

图6-9 空间的集合关系示意

图6-10 一套三室两厅的错层公寓布局设计

2. 复合空间的构成特征

对复合空间的分类方式很多，如根据内外区别将空间分成外部空间和内部空间；根据使用功能将空间分成居住空间、交通空间、商业空间、办公空间等；根据私密程度将空间分成公共空间、私密空间、半私密过渡空间；根据活动性质将空间分成运动空间和静止空间；如果要根据空间体量或空间形状来分，则更是五花八门，不一而足。这些分类并无严格标准，只是从不同角度去理解空间罢了。下面简要介绍一下几种不同复合空间的分类构成特征。

图 6-11　佛罗伦萨圣彼得大教堂附近的广场和建筑互为图底

1）主次空间

在复合空间中，占据主要功能的空间相比辅助功能空间往往尺度更大，形态和细节更丰富，使空间呈现明显的主次关系。例如故宫主轴线上的三大殿相对两侧厢房游廊就明显有主次之分（图 6-4）。在设计中，设计师要理清空间主次关系，突出重点，同时要避免喧宾夺主。

2）图底互逆空间

如同图形设计中的图底转换一样，三维空间也呈现一定的图底互逆关系。图底互逆空间通常出现在大空间包容小空间的场所，如城市广场和围合广场的建筑物、宾馆中庭和周边房间的关系就具有互逆关系。它们互为边界，对任一空间的改变都带来与之对应的互逆空间的改变。空间设计中，如何让图底空间都具有高质量是对设计师的挑战之一，需要设计师具有高超的空间平衡能力和换位思考能力（图 6-11）。

3）公共和私密空间

空间的私密度通常由空间的使用功能决定，用不同空间限定手法来实现。例如咖啡厅的门

图 6-12　下垂吊顶和低隔断使办公位置有了一定的私密度

廊和吧台区往往是公共空间，而靠窗的卡座区则具有一定的私密度。同样，家庭起居室是家庭活动和公共会客地点，但卧室就是个人的私密空间。对私密空间的冒犯常常让人反感，而把公共空间设计得太私密又会妨碍公共交通和交流。设计师要先分析不同空间细胞的使用要求，确定其私密度级别，然后找到与之相适应的空间限定度（图 6-12）。

4）向心和离心的空间

空间的向心度通常由空间的形态决定，与空间的使用功能关联。设计中，对需要凝聚交流者的空间类型可以提高其向心度，反之亦然。在巴塞罗那的高迪公园内，我们可以看到熟悉的人群多选择向心户外座椅，陌生的人群多选择离心的户外座椅（图 6-13）。

三、四维复合空间的组织

1. 积累四维空间语汇

复合空间可以被看成一个空间联合体，里面有功能各异的小空间，我们可以称这些小空间为空间细胞，空间细胞是构成四维复合空间的语汇（图6-14）。我们生活在一系列功能各异的室内外复合空间里，仔细观察和分析这些

图6-13　高迪公园里设计巧妙的S形座椅满足了不同人的需要

图6-14　欧文·莫斯设计的住宅靠变化丰富的空间取胜，即使色彩和材质很单纯

空间的基本单元，是为日后设计积累空间语汇的重要途径。

2. 提炼复合空间的语法特征

就像学习英语一样，掌握了基本词汇，还要掌握基本语法才行（图6-15）。在面对复杂空间时，我们可以忽略色彩、材质等非空间元素的干扰，去揭示复合空间的构成本质，解构并提炼出其中的空间构成语法，即空间是如何组织和过渡的；这些基本几何形态空间单元的相互关系如何。许多看上去形态各异的复合空间其实具有拓扑同构的特征。

3. 把握复合空间的节奏和序列

音乐家和小说家都很讲究节奏变化，一成不变的音乐旋律和直白的小说情节都让人乏味。空间设计同样如此，构思巧妙的设计师会赋予复合空间极富音乐感的节奏变化（图6-16）。参观过故宫或苏州园林的人都会感叹其空间的

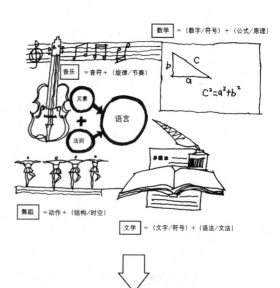

图6-15　元素＋法则（本图引自《图解室内设计分析》，刘旭著，中国建筑工业出版社）

丰富，游历其间，如同翻看一篇情节跌宕起伏的小说，有伏笔，有高潮，有尾声。

序列是指复合空间的先后顺序，而节奏主要是复合空间的变化规律。去过中国江南水乡的游客一定会对小镇丰富有趣的空间留下深刻印象，这些自然形成的水乡小镇有的已有千年历史。其亲切的空间尺度、灵活的建筑布局构成了跌宕起伏的外部空间，空间形态和空间序列的生动变化给人强烈的期待感和兴奋感。行走在水边那些错落有致的封火山墙之间，你永远都猜不透下一座桥下或下一个弄堂转角后面藏着怎样的惊喜（图6-17、图6-18）。游历其间，使人兴趣盎然。同样的有趣的空间历程在云南丽江、山西平遥等中国自然形成的古城古镇内都可以找到。与之形成对比的是，一些按照所谓功能主义规划形成的现代城市空间却显得呆板，缺少变化（图6-19）。

4. 塑造复合空间的个性风格

空间设计就是为某种命题寻找最佳空间解决方案的过程，也许答案并不唯一，正如每个作曲大师都有自己的独特曲风一样，每个空间设计师也可以使用自己独特的空间词汇和语法，来演奏动人的空间乐章。在现代设计刚刚兴起的20世纪上半叶，摆脱了复古思潮束缚的建筑师们轻装上阵，以格罗皮乌斯、密斯为代表的一批现代建筑设计师设计了大量几何型的功能主义建筑，其简洁实用的风格风靡全球，一度被誉为"国际样式"。近年来，随着强调设计文化多元化个性化的呼声日渐高涨，更因为人类的物质文化高度发达，新材料新技术不断涌现，一大批具有很强独特表现力的建筑开始出现，虽然在经济性上和功能主义建筑比有所减弱，但也逐步得到认可。目前仍活跃在设计舞台上

图6-16　贝聿铭设计的苏州博物馆新馆

图6-17　江南水乡乌镇街景

图6-18　皖南古镇宏村

图6-19　某三峡移民新城的街道景观

图6-20 柯布西耶设计的朗香教堂

图6-21 丹麦建筑师J·乌特松设计的悉尼歌剧院

图6-22 扎哈·哈迪德设计的广州歌剧院

图6-23 库哈斯设计的中央电视台主楼建筑

的建筑师弗兰克·盖里、扎哈·哈迪德、雷姆·库哈斯等人就是典型代表。在欣赏和学习他人杰出作品中创立自己的空间设计风格，不失为刚入门时的好方法（图6-20、图6-21、图6-22、图6-23）。

四、课题训练

1. 复合空间构成练习一：三个几何体的空间组合

步骤一：三个长方体的组合。

步骤二：三个曲面体的组合。

步骤三：三个长方体和曲面体混合组合。

要求：使用三个"体"的元素构造一个空间组合体，要求有一个主要体（体量最大）、一个次要体、一个从属装饰体。三者要有相互关联的轴线，共同构成一个具有视觉均衡美感的非对称组合体。三个体之间可以采用嵌入、贯穿、支撑等方式连接。要注意三者之间的空间比例。

建议制作模型前在电脑中用Sketchup软件各设计10个不同方案，从30个电脑设计稿中选择一个制作实体模型。模型外观尺寸在300mm×300mm×450mm范围内，要求模型能稳定站立。

材料：单一材料，如石膏、白色卡纸、白色泡沫塑料板等。

工具：尺规、美工刀、石膏转盘及砂皮等。

作业目的：理解空间中"体"的形态元素运用；理解不规则空间组合体的创造方法；理解空间形态的比例和均衡感的建立（图6-24）。

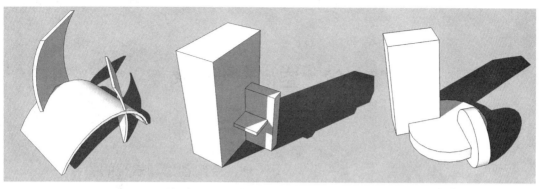

图 6-24 三体组合空间示范（复旦大学上海视觉艺术学院 2007 级学生作业）

2.复合空间构成练习二：中国传统园林的空间采集

要求：以中国古典园林的现场体验为基础，去除色彩材质等非空间元素，采集并解析其空间构成的基本单元和构成规律，在50mm×50mm×50mm 正方体网格系统中，用点线面体等几何元素重构其空间序列。

步骤一：获取现场空间体验。主要使用目测和步测方法，选取一中国古典园林全部或局部区域，按一定比例画出基本平面草图。要标注地面高差变化并估计主要建筑物的三维尺寸。本工作可以由小组完成。

步骤二：将合成修正后的平面图直接绘制在 2 号图板上。要求舍弃园林的形态细节、材质和色彩细节等非空间元素，采集出复合空间的构成细胞和空间序列，抽象出空间构成的本质特征。

步骤三：使用单一材料，使用点线面体的几何元素重构园林空间，比例自定（推荐1:500）。

作业目的：通过实地调研测绘培养空间尺度感和空间抽象概括能力；熟悉复合空间的构成法则；体会空间的四维特征；通过对中国传统园林的空间解构领会空间的文化属性。

材料：纸、木、石膏、泡沫塑料板、KT 板或聚氨酯块材任选一种。

工具：根据材料选取相应工具（图 6-25）。

图 6-25 园林空间采集示范作业

第七章　空间设计的表现

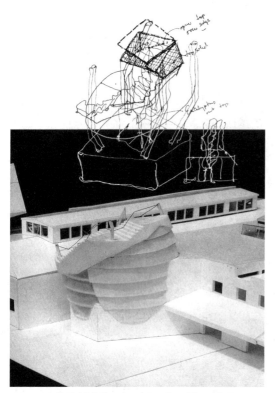

图 7-1　美国建筑师艾里克·欧文·莫斯的草图和工作模型

一、空间创意和表现的关系

1. 空间创意需要表现

不同于单纯的空间造型训练，空间创意设计需要完成某一特定目标功能，如具体某建筑、室内或展示场景设计等。因此无论在前期推敲和后期设计推广阶段，都需要把设计直观表现出来。

诗人用文字写作，作曲家用音符谱曲，那么，空间设计师用什么来推敲和表现自己的空间创意呢？一个杰出的空间设计师应该拥有出色的徒手表现技法，能随心所欲地表达创意；同时能熟练运用工作模型、电脑 CAD 技术推敲设计构思，使最初的创意一步步走向完美。最终，设计作品将以精细的效果图、正式模型和工程施工图的形式表现出来，便于实施。当然整个过程中，良好的口头表达和沟通能力也很重要（图 7-1）。

2. 为创意而表现，在表现中创意

设计表现不是目的而是手段，不要为了表现而表现，空间创意和空间表现绝不是截然分开的两个阶段，它们之间没有时间先后之分，表现时有创意，创意时有表现，二者水乳交融，密不可分（图 7-2）。我们前面多次提到用徒手构思草图、工作模型和电脑 CAD 推敲方案都证明了这点。只会表现不会创意的人是技师而不是设计师；只会创意不会表现的人是空想家，而且其创意也很难深入下去。

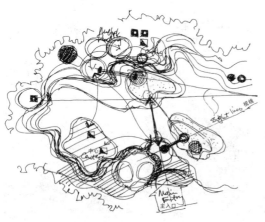

图 7-2　景观规划中的平面分析草图（本图摘自《图解思考》，保罗·拉索，中国建筑工业出版社）

二、空间设计的徒手表现

1. 重视徒手技法的作用

徒手技法是设计师最基本、最重要的表现技能。大多数富有创造力的设计师都拥有出色的徒手技能，在思考与表达时得心应手。

徒手技能的培养不是一蹴而就的，素描和色彩基本功必不可少，当然平时的练习也很重要，很多建筑师都随时携带速写本，记录观察到和想到的设计构思（图7-3）。在设计初期勤动手是另一个提高徒手技能的窍门，大胆地把想法在纸面上表达出来，最好图文并用，即使是胡写乱画，也胜过坐着空想（图7-4）。

在电脑技术日渐普及的今天，出现了一种盲目崇拜电脑的错误倾向，有人认为徒手表现已经过时了，电脑是无所不能的。其实最初的创意往往不是在电脑上完成的，当设计师灵感涌动之时，一张白纸一支笔是最得心应手的工具，而鼠标和键盘这时反而是创意的绊脚石。在方案后期表达时，徒手表现图以其独特的艺术魅力仍被广泛使用（图7-5）。

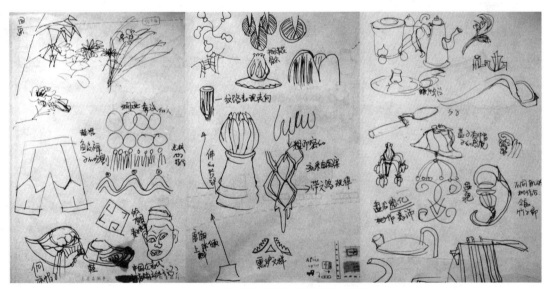

图7-3　复旦大学上海视觉艺术学院学生视觉日记

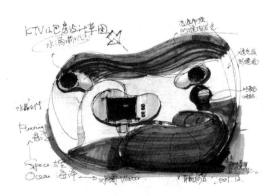

图7-4　设计初期的创意草图（王红江绘）

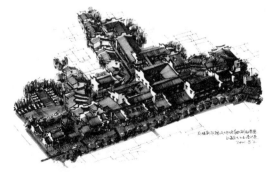

图7-5　水乡乌镇商业街设计表现（王红江绘）

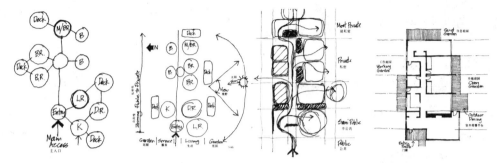

图7-6 一个住宅设计的草图发展过程（本图摘自《图解思考》，保罗·拉索，中国建筑工业出版社）

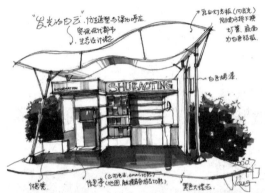

图7-7 书报亭设计快速表现及进一步的电脑辅助表现
（王红江绘）

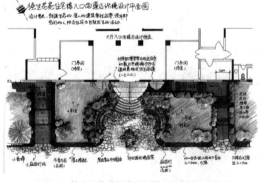

图7-8 某小区景观设计彩色平面图（王红江绘）

2. 徒手线条草图

徒手线条草图是空间创意最初阶段的常用手段，工具通常是各类铅笔或钢笔，这是最快速简洁的设计表达手段，脑有所思，手有所现。手脑几乎是同步互动的。收集的资料和最原始的创意以图形化语言呈现于纸面，一方面方便设计师之间的交流探讨，同时更重要的是，草图反过来激励设计师作更广泛深入的联想和思考（图7-6）。

3. 徒手快速上色表现

徒手快速上色表现是在线条草图基础上作进一步的深入表现，由于考虑了素描关系和色彩关系，因此图面更加生动直观，既方便设计师构思和与同行之间交流，同时也可与业主作初步沟通，其优点是快速直接，往往在空间创意的方案深化阶段，设计师会快速流畅地绘出一系列此类效果草图，表达主要构思而忽略次要细节（图7-7）。

徒手快速上色大致可分彩色平面（图7-8）、彩色剖面或立面（图7-9）、彩色透视稿几种。渲染上色的方法很多，但要求快速简便，所以常用的工具有彩色铅笔、马克笔、色粉笔、透明色等，覆盖类的水粉和喷笔则较少使用，因为它们更适宜作精细表现。其中尤其要推荐的

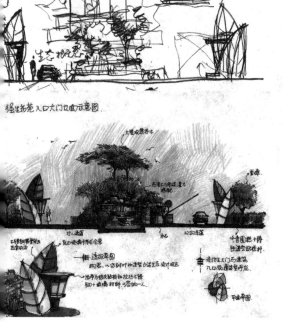

图7-9　某小区景观设计彩色立面图（王红江绘）

图7-10　利用色纸的快速表现技法（杨文庆绘）

是彩色铅笔结合马克笔的综合表现技法，因为二者都不需要调色，使用很方便，而且马克笔的潇洒和彩铅的细腻相得益彰。如果结合色纸的固有底色作为中间色调，只要将暗部和亮部表现出来，再提出高光，就能以少胜多地快速表现出设计效果（图7-10）。

如果图幅较大，用透明色（如彩色墨水、水彩、照相色等）铺大调子，马克笔和彩铅深化也是很不错的选择。必须指出的是，由于徒手快速表现多为淡彩，所以线条图作为"骨架"显得十分重要，上色线条图多用黑色墨线，一支流畅的黑色签字笔可勾主轮廓，细部和肌理则可用较细的针管笔来描绘（图7-11）。当然如果一开始把握不大，复印几张底稿也是一个好办法。此外，保持放松的心态来作画也是很

图7-11　某商店立面设计快速表现（陈建伟绘）

重要的，工具和色彩类型可以有多种选择，只要设计师自己得心应手就行，很多设计师都有自己的个人表现风格。

图7-12 纯电脑和纯手绘效果图各有特点

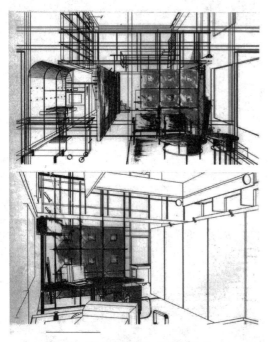

图7-13 电脑透视稿+手绘风格上色

图7-14 薄水粉喷绘表现很具真实感和艺术感（潘绪江绘）

4. 徒手精细表现

空间创意完成阶段，往往需要绘制较精细的效果图用作方案的交流呈现。目前主要效果图有纯电脑绘制、纯手绘（图7-12）和手绘电脑相结合（图7-13）三种方式。在纯手绘的徒手精细表现中，又有多种风格和技法。如透明色表现技法、水粉喷绘表现技法（图7-14）、色纸表现法、马克笔技法等。

这里介绍一种实用性很强的徒手结合电脑的"电子手绘"方法。第一步，徒手画透视稿，如果透视关系特别复杂也可以借助三维软件简单建一个基本空间模型，但细部都由徒手完善。第二步将徒手线条稿扫描进电脑，使用photoshop，painter等绘图软件上色。由于软件中可以模拟马克笔、彩色铅笔、喷笔等多种工具，又可以使用遮罩、图层等便于修改的手段，所以这种电子手绘的手段越来越受到设计师的喜爱，尤其在方案设计的初期阶段。其方便快捷和艺术韵味是纯电脑建模渲染的效果图无法替代的（图7-15）。

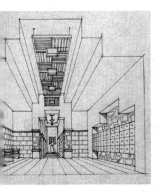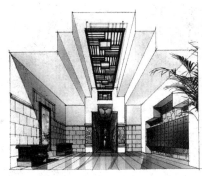

图7-15 手绘打稿＋电脑上色的"电子手绘"模式很适合初步设计阶段，在此基础上的纯三维电脑效果图则强调真实性，
适合深化设计阶段（刘旭绘）

三、空间设计的模型表现

建筑模型是用于表现城市规划、建筑设计、室内设计思想的艺术语言。是采用便于加工又能展示建筑质感并烘托环境气氛的材料，按照设计图纸或设计构思，以适当的比例制成的缩小样品。

建筑模型有助于设计创作的推敲，可以直观地体现设计意图，将图纸的二维空间转化为三维空间，弥补了图纸的局限性。模型表达以其精确性、完整性、直观性强的优点被广泛运用于当今重大空间设计项目，是业主和相关部门对设计方案进行评价和决策的最佳途径，同时因为其良好的展示性和广告效果而受到普通观众的欢迎。

按功能分，建筑模型可分设计推敲阶段的工作模型和最终表达的精细模型。工作模型又称设计概念模型，多为设计师自己推敲设计构思时使用，多采用纸、泡沫塑料、软质木材、雕塑泥等易加工的材料制作，其中雕塑泥作为可塑性极强的材料可以方便地增减及改变形状，很适合对有机建筑形体方案初期的推敲（图7-16）。这类模型如同设计草图一样，往往忽略细节，抓住最关键的东西，为下一步深化设

图7-16 雕塑泥和泡沫塑料制作的工作模型

计提供最直观的形象，为了快速观看效果，打印的平立面被经常粘贴在模型上（图7-17）。而最终表达模型因为面向业主和大众，所以强调客观真实，制作也较精细（图7-18）。

按应用范围分，有城市规划模型、建筑单体模型、结构与细部模型、室内模型和特殊模型（如结构实验模型、风洞实验模型、声学模型等）。这些模型依不同需要按照相应比例来制作，如规划模型由于表现场面较大，常用1:1000

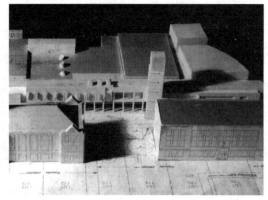

图 7-17　立面粘贴是工作模型的常用手段

图 7-18　某商业街区的精细表现模型

图 7-19　主要用航模材料制作的住宅室内模型（学生作业）

图 7-20　航模材料制作的小建筑模型（学生作业）

或 1:2000 比例制作，而建筑单体模型根据体量大小和模型底盘大小，常用 1:500、1:200、1:100 的比例。室内模型除表现建筑内部空间的分隔和布置外，还常常用来研究室内采光、通风、声响、色彩等技术问题。因此 1:100，1:50 甚至更大的比例被经常采用（图 7-19）。

　　按主要制作材料分，有石膏模型、泡沫塑料模型、纸木模型、有机玻璃和 ABS 工程塑料板模型等类型。石膏模型是最古老的模型材料，早在 14 世纪的欧洲就被用于教堂建筑的设计实践了；泡沫塑料模型取材于泡沫塑料块材或板材，价廉质轻，不易受潮，很适合做大型研究性模型，其切割工具多为电热切割器或较锋利的美工刀。泡沫塑料模型表面略显粗糙，但若

表面包以各种卡纸，就可用来塑造出逼真的写实效果；纸木模型使用最宜于加工的各类卡纸、板纸和轻质木材（如松木制成的航模棍和航模板），这些都是较廉价的材料，并且使用美工刀等简单手工工具加工，联结材料主要用白乳胶和强力胶，制作十分方便，很适于学生实验和初步设计方案探讨（图 7-20、图 7-21）；有机玻璃和 ABS 模型是较华贵的模型，价格较高，一般都委托专业模型公司制作，此类模型加工多用电脑数控雕刻机床结合手工拼接方式，制作较复杂，但模型也最精美，辅以适当配景和灯光，惟妙惟肖，很适于表现设计定型的大型建筑项目，如在房产公司售楼处经常可以看见此类模型（图 7-22）。

图 7-21 综合利用纸木材料制作的小建筑模型（学生作业）

图 7-22 某房产项目正式模型

工作模型是许多空间设计大师十分偏爱的表达方式，尤其在设计初期阶段，很适合与他人交流和推敲方案，寻找空间的最佳解决途径。纸、木、泥、泡沫塑料等简单易加工的材料是工作模型的首选。例如解构设计大师艾里克·欧文·莫斯为美国加利福尼亚科佛市（Culver City）老建筑改造设计时，就制作了大量工作模型来帮助构思，其复杂多变的空间形态如果不借助模型是很难凭空想象的（图 7-23）；扎哈·哈迪德在设计创意和表现中十分偏爱卡纸模型，卡纸加工方便，尤其适于表现弯曲面，其灵感就在草图和折纸的过程中闪现（图 7-24）；安藤忠雄也非常偏爱用纸、木、有机玻璃等简单材料制作工作模型来推敲构思（图 7-25、图7-26）。

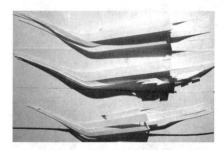

图 7-23 艾里克·欧文·莫斯为科佛市老建筑改造制作的工作模型

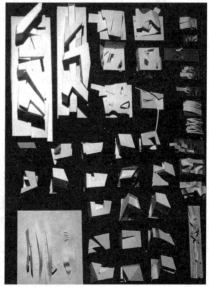

图 7-24 扎哈·哈迪德事务所制作的卡纸工作模型

109

1515151515

图 7-25 为探讨新老建筑相互关系的
美国克拉克艺术馆扩建项目工作模型

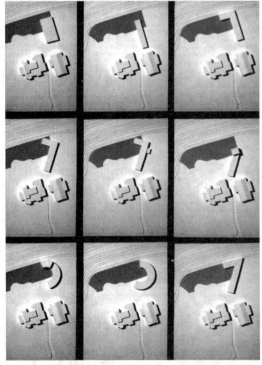

图 7-26 德国 Hombroich 美术馆建筑概念模型，基地地形和
绿化配景都做了高度几何形概括（安藤忠雄）

图 7-27 Sketch up 中可以直接导入网上三维模型库素材

四、空间设计的 CAD 辅助表现

CAD 是电脑辅助设计 Computer Aided Design 的简称，CAD 技术带来了空间设计手段的一场革命。CAD 技术作为信息社会的特征之一，对设计的手段和概念产生了深远的影响。今天，无论是房屋建筑设计师、室内设计师，还是景观设计师，都从飞速发展的电脑软硬件技术中获益匪浅！效率的成倍提高使空间设计师们可以将更多的精力放到空间创意上来。

CAD 的高精度、高效率不但可以用来表达丰富多彩的最终设计效果，更重要意义还在于它大大延伸了设计师的创意空间。尤其在设计推敲深化阶段，设计师可以轻松地从多个方案中进行比较选择，修改深化。例如 Sketch up 就是近年来广泛使用的草图建模工具，因其易用性和丰富的网络共享资源而深受设计师喜爱（图 7-27）。同时，电脑软件在表现精准透视，逼真的材质和光影关系方面有着徒手无法比拟的优势，常用的 3dmax 结合 VR 渲染器就可以表现很真实的效果（图 7-28）。此外，基于网络技术的 CAD 运用可以实现远程和大范围的设计资源共享，这大大提高了群体设计的生产效率和管理效率，尤其对于需要频繁修改的设计而言。例如 AutoCAD 软件就是一个被广泛应用在各工程设计领域的优秀软件。

随着 CAD 软硬件的发展，支持实时三维交互体验的软硬件技术已开始普及，尤其是沉浸式显示系统的推广普及，请业主戴着特制眼镜和手套走入虚拟的建筑空间内进行漫游已不是幻想（图 7-29、图 7-30）。

图 7-28　3dmax 结合 VR 渲染器制作的室内效果图

图 7-29　奔驰汽车公司使用沉浸式 CAVE
展示系统来演示新车内部空间

图 7-30　沉浸式 3D 虚拟现实头盔显示系统

五、空间设计中表现的综合运用

　　徒手表现、CAD、模型三种手段各有特点。徒手技法的优点是快捷灵活，脑有所思，手有所现，手脑相互激励。但缺点是在处理复杂透视关系时欠准确，制作工程图时效率不高。电脑 CAD 的优点刚好弥补了徒手的缺点，但电脑表现也有操作复杂、制作时间长、缺少虚实变化等局限。而模型表现相比徒手和电脑 CAD 最大的优点是直观、准确全面，但缺点是制作周期长，费用相对较高。由此可见，三者不可厚此薄彼，只有取长补短，才能完美表现创意。

　　表现和创意不能画等号，熟练掌握各种表现技能的人不等于就是一个优秀的设计师。设

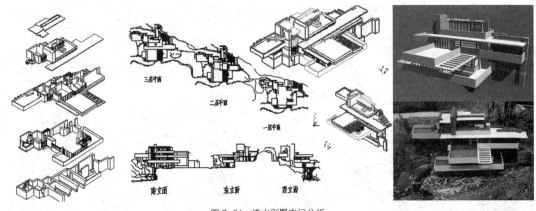

图 7-31　流水别墅空间分析

图 7-32　柱体形态练习示范（复旦大学上海视觉艺术学院 2007 级学生作业）

计师发现问题、创造性解决问题的能力，以及设计沟通和推广能力是成为优秀设计师更为重要的一些素质。

六、课题训练

1. 大师经典解析

要求：收集某大师经典建筑的相关资料（如赖特设计的流水别墅），对其进行空间解析和再表现。

再表现手段：徒手平立面草图和草透视，CAD 建模分析（推荐使用 Sketch up 软件）和纸木工作模型三种手段。

作业目的：从大师作品中积累空间美感；培养多种表现手段的综合运用能力（图 7-31）。

2. 柱体的形态演变

要求：用一圆柱或方柱毛坯进行形态变化来模拟高层建筑，需要提交不少于 15 个设计方案并选取 1 个制作模型。

尺寸：毛坯柱体高 300mm，圆柱直径 60mm，方柱边长 60。

手段：综合利用徒手草图、CAD 草图建模分析（推荐使用 Sketch up 软件）和实体模型制作三种手段。

模型材料：石膏或白色卡纸，要求单一材料和色彩。

作业目的：培养形态美感；培养收头和过渡等细节处理能力；培养多方案发散思维能力；培养多种手段表现创意的能力（图 7-32）。

第八章 空间主题设计的演绎流程

一、空间主题设计前期准备

1. 获取信息

从接受任务书开始，设计正式展开。但一份再详细的任务书也不能取代现场勘测。空间创意不是闭门造车，带上数码相机和卷尺，到实地去获取亲身感受极其重要的。这是发现问题的阶段，许多设计的灵感火花往往是在现场产生的。

除了勘查"物"的环境，对"人"的调研也很重要。因为空间的最终使用对象是"人"。为了获取使用者更多有价值的一手资料，设计师要进行使用者调研，例如规划一个主题公园，设计师除了需要了解当地的自然条件和地域文化外，还要对潜在使用对象的消费习惯、行为特征、心理喜好作调研，常用调研方法有问卷法、访谈法、观察法、实验法等。当然了解投资人的经营想法和当地政府的政策法规也是很重要的。

此外，利用图书资料和网络资源，收集与设计主题相关的历史地理、风土人情等文化背景资料也是设计前期调研的重要步骤。

2. 信息汇总

这一阶段是对获取的各方面信息加以整理，归纳和综合，从中发现有价值的切入点。如果是建筑和景观项目，要仔细研究环境资料，如地形地貌，土壤地质条件，历史人文背景资料，气象资料，周围相关建筑和环境资料；还要研究城市规划及市政资料，如建筑或规划用地红线图、用地性质、建筑控高、容积率、绿化率等强制指标和地方性法规，以及道路交通资料、给水排水和电力供应情况等。如果是室内设计项目，原有建筑的技术资料，包括现场勘测资料和相关技术图纸，如建筑、结构、各设备工种的竣工图是必不可少的。

设计师在这一阶段还需要与业主反复深入沟通并多次到现场勘察，从而一步步提升自己对该项目的整体认知水平。这如同医生的望闻问切，先找准病因，即矛盾焦点，才能对症下药。如果空间设计师跳过此阶段而直接开始套用某种建筑理论展开设计，如同医生不知病人病情就从医书上照搬药方，虽然有大套理论，却未必解决问题。

此阶段设计师应该明确如下一些问题。

业主需求和价值取向：业主最关心的问题是什么？业主希望该空间具备哪些基本功能和衍生功能？如果是经营性项目，业主的经营设想是什么？

使用对象分析：谁来使用该空间或设施？空间容纳人数是多少？群体特征和年龄层次如何？对空间私密性有何要求？

环境现状如何：周围的自然和人文环境与建筑的关系如何？交通如何解决？市政配套条件如何？规划部门有何强制性法规（图8-1）？

3. 去粗取精

面对信息时代铺天盖地的视觉资讯，学会

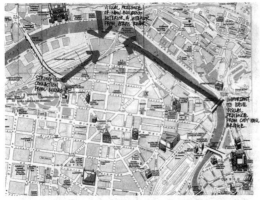

图 8-1 古根海姆博物馆新馆设计前期调研和分析

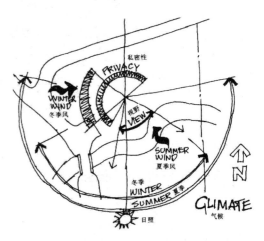

图 8-2 徒手草图是设计初期的最好手段
（本图摘自《图解思考》，保罗·拉索，中国建筑工业出版社）

去粗取精，去伪存真是至关重要的。我们大脑里应该有一个过滤器来滤掉垃圾信息，同时还要善于将杂乱无章的思维条理化，建立自己的思维章法，即解决问题时的思维结构体系。这样，面对难题时，就会寻找到突破口，层层推进，从而将自己头脑的潜能发挥到极致。在这个阶段，可以使用图解手段来整理信息和帮助思考（图 8-2）。

4. 洞悉本质

洞悉本质需要撇开干扰因素，直击核心。事物的表象总是很丰富的，但本质又呈现出单纯的一面。正如物种千差万别，但其构成基本元素却不多，只是在数量和排列组合上存在差异。透过现象看本质是一种方法，更是一种可贵的能力。

人类使用的建筑空间种类繁多，要求各异，但在空间限定方法上，在设计基本要素和构成法则上，仍然可以总结出一些本质性的东西。当丰富的设计信息被收集和分析后，解决问题的设计方案就渐渐浮出水面。

二、空间主题设计初步演绎

这是从发现问题向解决问题的转变。该阶段的重要特征是经过前阶段的酝酿，设计思路已经初步显露，设计师头脑的创意渐渐成熟和丰满，并逐渐物化为可视化的形式语言。该阶段通常又称初步设计阶段。

1.对空间主题的多角度演绎

善于联想和进行发散思维，是多角度演绎空间主题的方法。

从蜂巢结构联想到六角形住宅单元，从人的关节联想到钢结构支撑连接件……联想是创意思维的重要方法。由于空间设计是艺术和技术的有机统一，所以设计思维上也呈现出感性和理性思维的交叉。形象思维领域的直觉和想象完成空间的艺术形式和表达，而逻辑思维与抽象思维解决技术和功能问题。

创意初期阶段思维应该呈现多点发散特征，对技术问题只做"粗放式"思考，更多凭直觉让思绪如天马行空，毫无拘束（图8-3）。

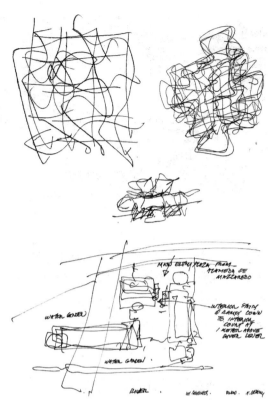

图8-3　古根海姆博物馆新馆设计的初期草图（盖里）

2.基于核心理念优选最佳演绎方案

在尽可能多地列举各种解决办法后，这个阶段需要去掉明显不合理的方案，进行方案评估，寻找最优方案。其优选原则往往需要兼顾功能性、艺术性、可实现性、经济性等诸多方面，往往最优方案是平衡性最好的方案，而不是顾此失彼的方案。那种认准一条路走到底的做法，很可能会错过更好的解决方案（图8-4）。

3.选择合适的空间元素和构成手段

根据空间的功能特征确定空间体量和空间形态。将"大空间"设计化为一系列相互联系的

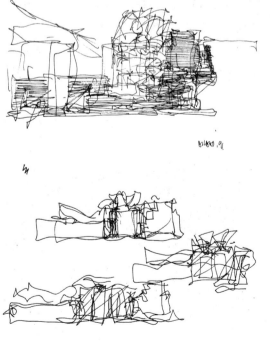

图8-4　古根海姆博物馆新馆设计的深化草图（盖里）

图 8-5　古根海姆博物馆新馆设计中制作了大量不同阶段的工作模型

"小空间"设计，分析不同空间之间的相互关系。选择合理的空间细胞单元和空间组织方式，选择合理的空间形态元素。这一过程体现在设计上多为平面布局设计和立面形态设计（图 8-5）。

该阶段要审核各经济技术指标是否满足任务书要求和相关法规文件；要量化所有空间尺寸；要完成所有与使用功能相关的配套设施和设备的选型；要编制设计施工说明和材料表。

三、空间主题设计深入演绎

这阶段相当于我们常说的扩充设计和施工图设计阶段。在初步设计确立后，设计师要从"定性"的思考转向"定量"的思考，将所有技术问题一一落实，并完善形式语言的细节。该阶段将更多体现出空间设计师作为一个工程师的严谨（图 8-6）。

1. 开拓造型元素表现的新内涵

扩初设计阶段是对初步方案的深化和完善，设计师另辟蹊径的思考往往可以开拓出具有创意的设计，例如对常规形态和常规材质的非常规使用就可以创造出令人耳目一新的视觉效果。在大思路确定的情况下，决定成败的是设计细节（图 8-7）。

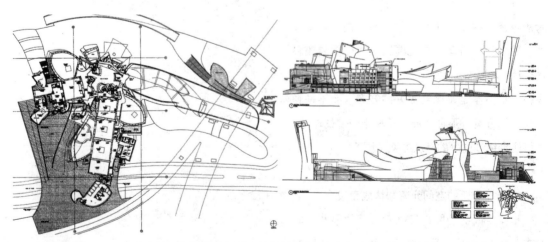

图 8-6　古根海姆博物馆新馆的工程设计图纸

图 8-7 深化设计阶段的工作模型，在博物馆外观材质和室内空间上进一步探讨

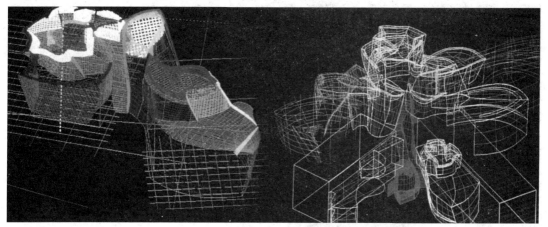

图 8-8 利用三维建模软件对博物馆的双曲面造型仔细推敲

2. 核心理念的再演绎

设计深化过程的推敲意味着不断地否定与超越。不满足功能、不够美观、超预算等都可能成为修改设计的原因，设计师要善于在一次次推翻重来的过程中将设计逐步导向深入。虽然追求完美是设计师的终极目标，但设计没有标准答案，只有在各要素取舍中接近完美的解决方案。这一阶段中，电脑 CAD 技术可以大大提高设计师的效率（图 8-8）。

3. 深入平衡各设计要素

平衡设计要素是一个艰难的过程，设计师需要学会如何坚持和放弃。设计要素包括功能、形态、经济性、环保性等，其中形态包括了空间尺度和形状、材质、色彩、光影等元素。

确立主次、合理取舍是平衡设计要素的重要原则。例如在功能和形态有较大矛盾时，应该确保功能第一。但对于一些标志性建筑，为了确保形态的独特和新颖，牺牲一些次要功能和经济性也是可以接受的。例如悉尼歌剧院建筑、奥运鸟巢等地标性建筑，其造价肯定远高于普通建筑形态，但长期看来，作为城市甚至国家的象征建筑，评价其经济性要放到更长远和宏观的角度来考虑，如旅游观光带来的收益等。但对于普通意义的空间设计来说，不能一味追求表现性形态而忽略了建筑的功能性、经济合理性、环保节能性几大设计原则（图 8-9）。

图8-9　花朵一样不规则造型的钛合金外墙造价昂贵，但此地标性建筑为西班牙比尔巴赫市带来了大量游客

图8-10　古根海姆博物馆新馆极具个性的内部空间

4. 主题演绎中的个性塑造

看到鸟儿飞翔的人千千万万，但为什么只有莱特兄弟发明了飞行器？多少人曾经仰望过星空，但为什么只有哥白尼最先悟出了地球并不是宇宙的中心？除了细心地观察，有条理地思考，从而洞悉了事物的本质外，更重要的是他们通过联想和进行发散思维，打破了常规思维的屏障，取得了超出常人的成就，当然这还需要超常的勇气。空间创意中那些惊世之作往往也是标新立异之作，打破思维屏障的与众不同带来多重感知冲击。

个性化演绎让人印象深刻，但也需服从主题。空间主题性质是商业、娱乐、工作、学习、餐饮还是居住？在设计时要时常提醒自己。例如一个教学楼的空间设计就不可能出现太怪异的形状，但一些地标性新建筑往往就很有个性（图8-10）。

四、方案实施中的再演绎

1. 再演绎的含义

再演绎是指在设计实施过程的再次修改完善。实施阶段是将设计理念从图纸变为现实的阶段。对设计师而言，看到自己的创意一步步被实现是件相当激动人心的事，但同时也需要设计师付出很大心血。因为图纸的结束不代表设计已经画上句号，现场情况千变万化，再详细的图纸也不能解决所有的施工问题。因此，实施阶段也是现场设计阶段。这一阶段，随着项目施工逐步推进，设计师经常在现场指导施工，才能保证设计意图被完美体现，同时现场设计可以及早发现和纠正设计错误（图8-11）。

图 8-11 现场设计可以及早发现和纠正设计错误

2. 设计调整的内容

在确定施工图纸后,设计应该基本定型,施工单位根据施工图和材料表开始施工,但常遇到如下一些问题。

材质调整:如某种原定材质无法到货需要更换其他材质。

工艺调整:原设计的某些加工工艺,因为地域和技术原因无法办到,设计师需要想出变通办法。

设备调整:随着水电风等设备的施工,现场出现设备高度或位置冲突的情况,这时需要建筑师出面协调各工种修改,以保证最后的艺术效果不受影响。

效果调整:随着施工深入,现场看到效果并非当初设想的那样理想,业主或设计师自己提出更改局部设计的要求……(图 8-12)。

这些调整内容经常出现在施工过程中,其形式多为设计修改通知单或工程联系单。

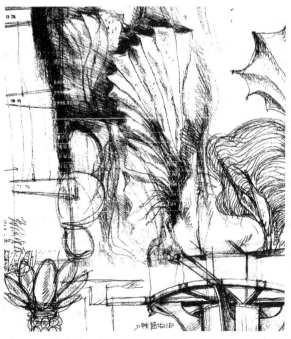
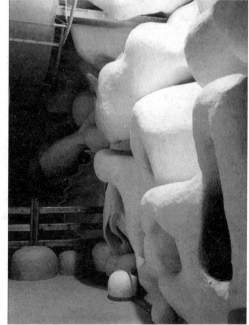

图 8-12 "海洋世界"游乐场设计草图和实景(黄英杰、王红江设计)

图8-13　向工人师傅虚心学习可以优化设计

图8-14　上海东方卫视演播厅施工过程中各种设备交错，需要做大量的协调工作

3. 设计调整的原则

原则一：亲临现场。设计不是闭门造车，现场情况千变万化。尽管施工现场冬冷夏热、尘土飞扬，但只有设计师自己去现场，才能发现问题和解决问题。

原则二：追求可实现的完美。设计师往往受制于预算、工艺、长官意志等诸多因素，如果消极应付，实施效果可能大打折扣。敬业的设计师会把每个设计当作品而非商品来做。

原则三：虚心向工人师傅学习，知错就改地提出解决新方案。虽然尊重设计、按图施工

是施工单位应该遵循的原则，但不要忽视工人阶级的创造能力，他们长期在施工一线同材料和工艺打交道，他们知道什么是合理的构造。所以有时放下设计师的架子，虚心听听工人师傅的建议，会有很多收获，同时可以优化设计。但遇到严重影响设计效果的修改，设计师该坚持的还是不能让步（图8-13）。

原则四：倾听业主意见，但不一味迎合。业主并非都是对的，如果设计师从专业角度觉察到业主要求明显不妥，设计师大胆讲出来反而会得到大多数业主的尊重和信任，因为你在对他的投资负责。当然最后可能需要双方寻求一个平衡点，此时与业主的沟通技巧对项目顺利展开显得尤为重要。

五、空间设计演绎的综合要求

广义的空间主题设计包括了城市规划、建筑、室内、景观和展示等诸多领域。设计任务千差万别，但演绎过程却大致相同。在实际设计过程中，各种因素往往相互交织在一起，此时如何把握全局，如何平衡各设计要素，如何循序渐进地深入就显得尤为重要。具体讲设计师必须解决以下三个层面上的问题。

1. 协调层面

空间主题设计作为一项复杂的系统工程，它不同于纯艺术，可以关起门来随心所欲表达艺术家个人的情感。空间设计是一项复杂的社会行为，涉及方方面面。设计师肩负着重大的社会责任，需要很强的沟通和协调能力。例如与业主或用户的相互协调；与水、电、风、结构、给水排水等技术工种的协调（图8-14）；与施工单位和各种设备材料供应商的协调等。

2. 设计层面

设计层面主要解决功能实现问题；解决技术实现问题；解决艺术美感问题；解决文脉传承问题；解决可持续发展的问题。解决这些问题需要具备创意思维能力和广阔的知识面。

3. 表达层面

表达层面涉及语言文字的表达，如设计说明和对方案的讲解；三维效果图表达；模型表达；两维工程图表达等。完整而规范的设计表达有助于设计推广和实施。

六、课题训练

1. "亭"的空间建构

设计要求：在 6m×6m×6m 的空间范围内建构一个两层的"亭"，所有构筑物尺寸不得超出此范围，其中楼板面积不小于 18m²。需要设计特定的垂直交通构造（如楼梯）。"亭"的支撑结构方式明确，力学应用合理。节点设计需要充分利用材质特点。"亭"的功能自定，材质不限。

模型要求：模型制作比例 1:20，模型底板尺寸 400mm×400mm，根据具体设计选择相应模型材料。要求在底板上放置卡片人作为尺度参考。

作业目的：通过一个带简单功能要求的空间设计练习，熟悉空间创意设计流程和基本方法。了解设计中材料、构造和工艺的重要性（图8-15）。

2. "居"的空间解析和重构

设计要求：仔细研究一种中国传统民居形式，忽略材质、色彩和肌理细节，解析其空间构成本质和形态元素，并将空间和形态元素重构一个新的空间形态。本作业要求神似而非形似。

模型要求：模型制作比例自定，模型底板尺寸 400mm×400mm。主体材料不超过 3 种。要求在底板上放置卡片人作为尺度参考。

作业目的：通过"解析"领会中国传统民居文化和空间特点，通过"重构"培养创新设计能力（图8-16）。

3. 认识实习

联系设计院和典型项目工地参观。增加感性认识，了解项目设计和施工全过程。

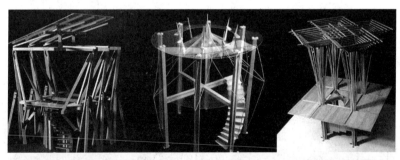

图8-15　示范作业（同济大学建筑系学生作业）

图8-16　示范作业，从左到右依次为福建土楼重构、北京四合院重构、江南民居重构（上海交通大学设计系学生作业）

第九章　空间设计中的多学科交叉

一、空间设计领域的技术支撑

1.人类功效学应用

人类功效学也称人体工程学，是根据人的心理、生理因素，研究人、机、环境相互间的合理关系，以保证人们安全、健康、高效舒适地工作和生活。

人类工效学最初为机械工程分支学科，吸收了自然科学和社会科学的广泛知识内容，是一门涉及面很广的边缘学科。在机械工业中，工效学着重研究如何使设计的机器、工具、成套设备的操作方法和作业环境更适应操作人员的要求。后来，人类工效学被广泛应用于工业设计、环境设计等设计领域，为设计师创造更高效合理的环境空间和产品提供科学依据，具体主要体现在以下几方面。

1）空间中人体尺度研究

空间为人服务，研究不同年龄和性别的人体常规尺度是人类功效学的基本内容。例如，幼儿园、老人院、残疾人康复中心等特殊建筑就必须依据相关目标人群的人体尺度来设计，如果想当然按照普通成年人的尺度来设计，就会带来很多使用麻烦。因为人的坐高、摸高决定家具尺度；肩宽决定走廊通道尺度；脚的大小决定踏步深度和高度。例如60cm的通道普通成人可以单人通过，但轮椅者就要放宽到90cm以上；普通双人通道尺寸通常在1.2m左右；室外扶手安全高度1.2m以上；踏步舒适宽度270～300mm……熟悉人体尺度进而熟悉常用的家具和构造尺度是空间设计的基本功（图9-1）。

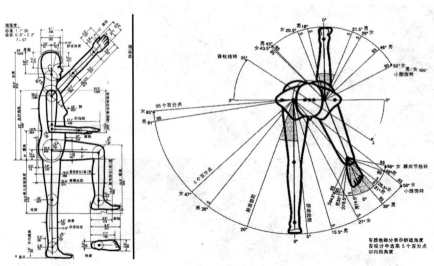

图 9-1　人体尺度和动作幅度研究

2）空间中的动作域研究

光有静态的人体尺度还不够，我们必须考虑人动态使用产品和环境时需要的空间范围，我们把它称为"动作域"。例如在厨房设计中，吊柜和操作台高度就由人的操作范围和使用习惯决定。而卫生间马桶也需要一个使用空间范围，离墙太近会造成无法使用。同样，在布置带抽屉的家具时，如果前面的空间不够，就会造成打开抽屉时人无法立足。

3）人机界面研究

主要应用在产品设计和信息设计领域，例如交通工具的操控台、手机面板和信息界面、家电操作面板等都属于人机交互界面设计的研究范围。其研究对象是人机互动过程（Human Machine Interaction）中的接触层面，即我们所说的界面（Interface）。从心理学意义来分，界面可分为感觉（视觉、触觉、听觉等）和情感两个层次。界面设计是一个复杂的有不同学科参与的工程，认知心理学、设计学、语言学等在此都扮演着重要的角色。用户界面设计的三大原则是：置界面于用户的有效控制之下；减少用户的记忆负担；保持界面的一致性和美观性（图9-2）。

空间中的工作流程研究：以一个大型厨房设计为例，储藏室、粗加工区、洗涤备料区、蒸烧区、熟食点心区等功能模块相互关联，如果平面布局不按照工作流程合理设计，会大大增加无效往返的劳动强度。同样在航空航天器、列车、船舶等交通工具的工作区域设计中，设计师在设备布局、家具尺度、人机交互界面各方面都要仔细考虑操作流程的需要，提高工效降低疲劳度，最大限度避免误操作。

2. 建筑装饰设备配置

建筑装饰设备配置和材料构造都属于建筑

图9-2　汽车和飞机驾驶舱的人机界面

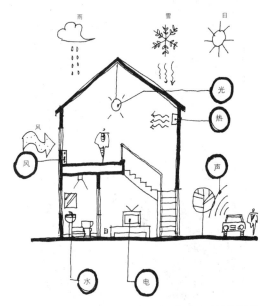

图9-3　房屋设备配置示意图（本图引自《图解室内设计分析》，刘旭著，中国建筑工业出版社）

技术领域。在建筑、室内、景观空间中，随处可见各种设备来满足健康、安全和舒适需要。如给水排水设备、空调与通风设备、消防报警设备、强弱电设备、声学设备、照明及智能化设备等（图9-3）。

图 9-4　SMG 新闻中心电视节目导控中心

图 9-5　软膜材质塑造的双曲面造型顶面

图 9-6　奥运鸟巢内景，钢结构本身具有很好的
装饰效果

由此可见空间设计绝不是简单的美学设计，虽然很多设备设计需要专业工程师来配合，如专业的给水排水工程师、暖通工程师、电气工程师、建筑声学工程师等，但作为统筹设计的建筑师来讲，了解基本的建筑装饰设备知识，对其协调沟通各配套工种，高效推进项目设计是很有必要的。例如在大型公共空间的室内设计中，顶面布置图因为集成了灯光、空调、烟感喷淋、监控、强弱电等多种设备而变得很复杂，需要设计师仔细核查各设备的相关大小和位置（图 9-4）。

3. 新材料新工艺新构造

在建筑技术领域，除建筑装饰设备外，新材料、新工艺和新构造一直是推动设计变革的重要原动力。例如古罗马人发明混凝土后使大跨度拱圈建筑成为可能；而近代工业革命中，钢结构被广泛应用在建筑领域，诞生了伦敦水晶宫和巴黎埃菲尔铁塔等超大超高建筑物；北京奥运建筑"水立方"晶莹剔透，则是主要归功于新材料 ETFE 膜和 led 变光灯的配合使用。

除了新材料，与之相配套的新工艺和新结构更是带来空间创意的革命。从中国古代木构建筑中的斗拱结构，到古罗马的混凝土拱圈，再到现代的钢框架结构、网架结构、悬索结构、薄壳结构、膜结构等，构造技术创造了新的功能空间，也创造了新的美学形态（图 9-5、图 9-6）。正如梁思成先生说："凡一座建筑物皆因为其材料而产生其结构法，更因此结构而产生其形式上之特征。"（梁思成著. 中国建筑史. 天津：天津百花文艺出版社，1998：16.）。例如在影剧院、演播厅等观演类建筑中，声学材料和构造就显得十分重要，而且构造本身呈现出独特的装饰效果（图 9-7）。

图 9-7　剧院墙面的声学构造同时具有很强装饰效果

图 9-8　沉浸式 3D 环境检验汽车内饰设计效果

4. 空间互动设计

空间互动设计也称交互式空间设计，该领域是近年来发展起来的一门交叉学科，其重点是研究空间、人、信息三者之间的交互关系。这里的空间既包括人造空间，也包括自然空间。既包括物理空间，也包括虚拟空间。

空间互动设计区别于其他互动设计关键在于，其互动环节成为空间的有机组成部分。输入、处理和输出都在特定的建筑或景观空间里实现。随着虚拟现实技术的日新月异，受众可以在沉浸式 3D 环境里体验真实空间感觉，未来的空间互动设计可能脱离真实的物理空间而存在。例如 CAVE(Cave Automatic Virtual Environment) 就是一种基于投影的虚拟现实系统，它由围绕观察者的四个投影面组成。四个投影面组成一个立方体结构，其中三个墙面采用背投方式，地面采用正投方式。若放置 CAVE 系统的房间大小有限，可通过反射镜把投影图像投影到屏幕上以节省空间。观察者戴上立体眼镜和头部跟踪设备，以便将观察者的视点位置实时反馈到计算机系统来体验身临其境的感觉。当观察者在 CAVE 中走动时，系统自动计算每个投影面正确的立体透视图像。同时，观察者手握一

种称为 Wand 的传感器，与虚拟环境进行交互（图 9-8）。

1）输入

信息采集渠道很多，包括位置感应、压力感应、温度感应、声音感应、光线感应、风向感应等多种设备采集的源信息。信息采集时可以单独或综合运用视频摄像技术、红外技术、蓝牙技术、激光射频技术等。

2）处理

计算机编程处理；PIC 单片机控制技术等。

3）输出

可以是机械运动，也可以是声光电的多媒体显示，尤其是 LED 数码显示技术及投影新技术的广泛应用（如环幕和球幕投影），使处理后的信息以变化的灯光或影像生动呈现在空间中，从而到达与输入端的同步互动效果。

从环境互动的三个环节可以看出，信息技术和数码显示技术改变了空间设计师的设计方法及其所设计的空间。而如果再结合机电一体化的自动控制技术，将更增添了空间的动感。空间互动设计师需要熟悉那些可以引入互动设计领域的新科技，并创造性地运用它们。在北京奥运会开幕式中，那些以身体为笔的白衣人在 LED 长卷上展示中国书法就是一个很好的空间互动设计。除大型活动外，在舞台设计、大型会展设计中，空间互动设计也被广泛应用。而2010 年上海世博会也是互动设计大显身手的地

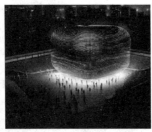

图 9-9　左图：德国馆最精彩的互动娱乐展示"动力之源"
右图：上海世博会英国馆入选建筑方案

图 9-10　居住小区一个受欢迎的社交小广场

方，如英国馆的建筑设计展现了一个简洁而又引人入胜的互动建筑模式，其最大的亮点是建筑外部大量向各个方向伸展的触须，这些触须顶端都带有一个细小的彩色 LED 光源，可以组合成多种图案和颜色。所有的触须将会随风轻微摇动，使展馆表面形成各种可变幻的光泽和色彩。同时，展馆表面还可以通过信息和图像的形式展示英国展馆内部的情况，使馆外的参观者也能看到展馆内部的各项活动。而德国馆最精彩的互动娱乐展示"动力之源"，其圆球钟摆的表面图像和运动都随观众参与而变化（图9-9）。

空间互动设计不同于传统空间设计，需要应用大量新科技，所以前期研究和实验很有必要，设计行为不再只限于把想法表达于图纸的传统模式，设计者更应该成为一个研究者，通过设计创新性的"实验"并不断"验证"来探索新的空间艺术表现形式，当然这一"实验—反馈—修正—再实验"的螺旋上升过程是需要技术工程师的帮助的。

二、空间设计领域的人文科学支撑

1. 空间设计中的使用者研究

一个好的空间设计应该与使用者的行为相适应，设计师虽然设计的是物化的空间，但关心的应该是其中人的活动。人类功效学虽然也是使用者研究的范畴，但侧重人的技术层面研究。人是个相当复杂的研究对象，基于实验的人类功效学研究不能涵盖使用者研究的所有领域，于是，基于社会学、人类学、环境心理学等人文科学的空间使用者研究应运而生。

设计师先问问自己诸如以下一些问题：空间是否太大让人无依无靠？或者太小感觉拥挤不堪？空间中有无足够的设施给人使用？公共空间中的人的行为是否安全和便于管理？各种环境因子是否可以强化场所的氛围？有无足够的照明？要正确回答这些问题，需要设计师运用观察法、访谈法、实验法等多种调研手段作科学的分析研究。同时在生活中处处留意，看看人们怎样推门入室选择座位？老人喜欢到什么地方晨练？小孩喜欢到什么场所玩耍？上学放学和上班下班的人们都在路上干些什么？从小区大门到家的路上看什么？与邻居交谈吗？人们喜欢选择哪些环境来显示身份与财富（图9-10）？

环境心理学是心理学的一个分支，是以心理学概念、理论和方法来研究人与城市、人与建筑、人与室内等空间环境的交互作用关系。虽然心理学中也有关于环境因素的研究，但其研究重点是解释人的行为而非对理想环境的探究。因而自 20 世纪 60 年代以来，专门研究怎样的人工环境才使人感到舒适、人在不同的人工环境中有何心理和行为的环境心理学开始蓬勃发展起来。

人对外部空间的信息主要来自于视觉、听觉、嗅觉、味觉和触觉，通过先感后知的"感知"过程，人获得了对于外部空间的感性认识，如空间的形状大小、物体的远近色彩、空间的明暗等，空间知觉主要有形状知觉、大小知觉、距离知觉、深度知觉和方位知觉，这些和空间中的背景声音、气味等共同构成了对空间的综合"知觉"。知觉需要占用一定时间，即人必须整合不同空间位置和不同时刻获得的空间信息。

通过"空间感知"过程，人获得外部空间的感性认识，但从环境认知全过程看，还有一个从感性认识上升到理性认识的过程，这是从"感知"上升到"认知"的过程。认知心理学认为认知过程是对外界信息进行积极加工的过程，它包括知觉、表象、记忆、思维、语言等过程。经过理性的"认知"后，我们会对感知到的空间作出评价，产生喜好和联想，并最终激发"空间行为"的产生。

在环境心理学中，研究"空间行为"是其重要领域。空间中人的行为主要来自于内外两方面的刺激，内部刺激来自于人的动机和需要，而外部刺激来自于环境。近年来，学术界从不同学科角度对人的行为进行了广泛的研究，形成了许多关于环境和行为关系的理论。其中，研究空间中个体和群体的行为特征，研究空间角色扮演、私密性、领域性、识别性就成为重要课题。

在丹麦建筑师杨·盖尔 1971 年出版的《交往与空间》一书中，就从环境心理学和行为学角度，对户外空间与人际交往的关系进行了探讨。书中指出，设计良好的户外空间可以大大促进人际交往，使生活富于生机和魅力，而糟糕的户外空间将扼杀许多美好的交往可能，使城区变为情感荒漠。书中指出，户外活动被划分为三种类型：必要性活动、自发性活动和社会性活动。每一种活动类型对于物质环境的要求都大不相同。当环境空间的质量不理想时，就只能发生必要性活动，如上学、上班、购物、等人、候车等。当环境空间具有高质量时，尽管必要性活动的发生频率基本不变，但是由于物质条件更好，它们会有延长时间的趋向。环境空间如果适宜于人驻足、小憩、饮食、玩耍等，大量的自发性活动会随之产生（图 9-11）。例如江南水乡的外部空间多是可居可留的生活场所（图 9-12），而欧洲中世纪形成的古城都靠小广场成为外部空间的交往节点（图 9-13）。相反，如果是质量低劣的环境空间，如高楼大厦下车流如织，就会很少有自发的社会活动发生。社会性活动指的是公共空间中有赖于他人参与的各种活动，而公共空间中的社会活动具有综合性，正是人们的相互交往构成了丰富多彩的社会生活。而作为景观环境设计师，应该通过对环境空间进行明智的规划设计，为户外生活创造适宜的条件，尽量激发自发的社会活动发生，为和谐的人际交往创造空间舞台。

图 9-11 苏州博物馆新馆水中小亭很受游客喜欢

图9-12 乌镇的小广场和露天剧场

图9-13 威尼斯的市民广场

2. 空间设计中的哲学思想

2000多年前，中国先哲老子就提出了具有哲学思辨的空间观，在漫长的岁月里，东西方哲学思想的发展和差异也在空间设计中得到体现。中国古人天人合一的宇宙观和自然观使中国传统建筑多呈现水平延伸的群体特征，而西方基督教哲学中，上帝是宇宙的精神，那些造型华丽体量庞大的单体建筑往往都是具有象征意义的"精神空间"（图9-14）。

现代空间设计中，那些独树一帜的大师们都有自己的设计哲学。例如结构主义、构成主义、解构主义等哲学思潮就对彼得·埃森曼、扎哈·哈迪得·兰姆·库哈斯、弗兰克·盖里、丹尼尔·里伯斯金、伯纳德·屈米、艾里克·欧文·莫斯等大师的空间设计思想产生了深远影响。这些大师如今依然活跃在世界建筑设计舞台上并贡献出许多精彩的空间作品（图9-15）。

图9-14 七百多年前建造的科隆大教堂，哥特式尖塔直指苍穹

图9-15 扎哈·哈迪得的室内设计和其建筑设计一样独树一帜

以解构主义为例，解构主义哲学 20 世纪 60 年代缘起于法国哲学家和语言学家雅克·德里达，解构主义者提倡打破现有的单元化的秩序，力求创造更为合理的秩序。当然这里的秩序除了包括既有的社会道德秩序、婚姻秩序、伦理道德规范之外，而且还包括个人意识上的秩序，比如创作习惯、接受习惯、思维习惯和文化底蕴积淀形成的无意识民族性格。解构主义建筑与现代主义建筑简单几何形体的设计倾向相比，其共同点是运用相贯、偏心、反转、回转等手法，具有不安定且富有运动感的形态。而与之关联的"结构"可以理解为"解构"的拼合。正如刘先觉先生在《现代建筑理论》一书中所讲"解构主义建筑元素的交叉、叠置和碰撞成为设计的过程和结果，虽然所产生的建筑形式呈现某种无秩序状态，但其内部的逻辑及思辨的过程是清晰一致的。"（刘先觉主编．现代建筑理论．北京：中国建筑工业出版社，1999.）（图 9-16）。

3. 空间设计中的社会学和文化学研究

从乡野到城市，人类在各种空间中生生不息。如果说建筑空间是舞台的话，那么主角就是"人"。空间设计师不但要了解"单体人"的生理心理活动特征，还要了解"社会人"的交往特征。创造人性空间始终是空间创意的源坐标。

人作为一个自然人和社会人，他们到底需要什么：人需要私有领地，但又害怕孤独，需要交流；人需要运动，爱采摘和捕获，也需要休息和庇护；人天性亲水，也爱玩火；人喜欢看别人而不被别人看到，但有时又希望被他人关注；人需要安全，爱走平坦的道路，同时又喜欢挑战和冒险……这就是复杂多样的人性特征。

空间设计在摆脱纯粹功能主义的束缚后，进入了一个多元并存的新时代。空间设计已成为与历史传统、自然风光、民俗风情乃至社会意识形态相联系的复杂文化现象。在新农村建设、城市社区营造、旅游地策划等项目开发设

图 9-16　欧文·莫斯的解构主义建筑

计中，空间设计已经不再局限于有形的"物"的设计，通过对无形的"事"的规划，让良好的空间设计变成载体，从而完成地域振兴的案例比比皆是。例如在对温州文成地区一个名叫雅庄的偏远山村调研发现，这里和大多数中国农村地区一样，出现了人口外流的空巢化现象。交通不便，缺少外来投资成为制约这个农业小村庄的瓶颈。但原始古朴的山地村落景观又使雅庄成为体验式旅游的潜在目的地。如何保护性开发这类古村落，振兴地域经济，吸引原住民回流成为设计的出发点和归属点。在对当地自然风光、建筑遗产、物产资源、民俗风情等广泛调研基础上，一项涵盖区域建筑遗产保护、交通改善、旅游项目策划和设施设计、旅游推广策略的系统设计工程才能真正有效。因此，应该广泛吸收人文科学学者参与到类似的项目规划设计团队（图9-17）。

在空间设计中，城市是最能反映空间社会属性和文化属性的空间场所。空旷的马路，林立的高楼，整齐如兵营的居民小区是很多城市的常见景象，也许这看起来很高效合理，但这样的城市空间是否具有交往的亲和力？如果我们的城市规划师和建筑师死抱功能主义教条而忽略空间的人文质量，我们将亲手打造一片混凝土的情感荒漠。在漫长的封建社会，城市空间大多围绕教堂庙宇或皇宫设计，居民屈居于神和君主权贵的脚下，渺小而卑微。工业革命给人类生活带来了深刻的变化。人们似乎征服了自然，推翻了君主，摆脱了神的约束。但人们用自己的双手创造了另一个主宰城市、主宰自己生活的主人——机器。为了生产的机器，人们设计厂房；围绕厂房，人们布局工人新村。为了汽车的通行，人们拆房破街，并将快速路架过头顶。汽车堵塞大街，人们艰难地横穿那些危险的马路。在为机器设计的空间里，人的尊严甚至不如一群横渡溪流的鸭子。我们怀念那些古村落浪漫自由而充满诗意的场所。今天，我们生活的城市空间不是为神设计的，不是为君主设计的，也不是为市长们设计的，而是为生活在城市中男人女人、大人孩子、老人还有残疾人，为他们的日常工作、生活、学习、娱乐而设计的。我们渴望走进一个天人合一的人性化时代，重回失落的诗意场所。因此，设计师应该重新关注社会和人类的深层次需求（图9-18）。

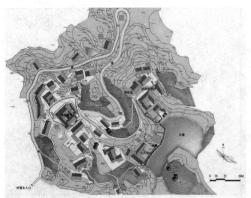

图 9-17　关于雅庄的实验

图 9-18　丽江束河古镇和谐的人居环境

三、可持续发展的空间设计理念

　　随着地球生态环境的进一步恶化，灾难性气候、荒漠化、水资源短缺等问题正对人类生存构成严峻挑战。空间设计不应该是讲究虚荣的卖弄或奢侈的浪费，每一个有责任感的设计师都在自觉或不自觉地引入可持续发展的设计理念，也称"绿色设计"、"生态设计"或"低碳设计"。和工业产品一样，空间构筑物也大量消耗自然资源、大量使用能源并产生大量废弃物，不同的是工业产品设计的"绿色"概念还要考虑产品批量化生产、运输、使用和回收全过程的环保。

　　目前全球对建筑"绿色"与否的评估标准主要有：美国绿色建筑委员会（U.S. Green Building Council）的"领先能源与环境设计建筑评级体系"（LEED），英国的建筑科研组织（Building Research Establishment, BRE）"环境评价法"（BREEAM），日本的 CASBEE 体系等。其中以 LEED 标准体系为最完善，是目前在世界各国的各类建筑环保评估、绿色建筑评估以及建筑可持续性评估标准中最具有影响力。LEED 全称为 Leadership in Energy & Environmental Design Building Rating System，目前已经发展成下设针对新建筑（LEED-NC）、既有建筑（LEED-EB）、商业建筑室内环境（LEED-CI）、建筑主体和外壳（LEED-CS）、住宅（LEED-Homes）、学校（LEED-School）、零售店（LEED-Retail）以及社区开发（LEED-ND）共八个评估分册。作为一个开放式发展的指标体系，每个具体的评估标准都在实践中不断更新完善从而有不断更新的版本。LEED 标准要求建筑设计和施工在五个方面明显降低或消除对环境和用户的负面影响：选择可持续发展

图9-19　瑞士建筑师事务所Vetsch设计的生态概念住宅

图9-20　就地取材的藏族民居

图9-21　比利时2009年建成的零排放南极科考站

的建筑场地；建筑对水源保护和对水的有效利用；高效用能、可再生能源的利用及保护环境；就地取材、资源的循环利用；良好的室内环境质量要求。

我国人口众多，建设可持续发展社会已成为基本国策。空间设计师需要担负起节能减排的重大责任，设计更多更好的"绿色"空间（图9-19）。那种炫耀性的浪费设计已经不是一个

简单的经济问题，而是挑战全人类生存的道德问题。具体讲可以从以下几个方面着手。

1. 资源节约型的空间设计

自然资源并非取之不尽用之不竭的，珍稀木材、石材、金属材料都日趋紧张。一个大型建筑物的构造需要耗费大量自然资源，设计中不加节制地滥用建材不但是经济的浪费，更是与可持续发展理念背道而驰。空间设计对资源的合理利用包括两层含义，一是对珍贵的稀缺性自然材料节约使用，能少用材就不要浪费，能就地取材就不要舍近求远（图9-20）；另一层含义是尽量使用一些人工复合建材或再生建材。例如，复合实木地板就是对珍稀硬木的节约化使用；指接实木板或方料则是通过对小木料的物理处理，变成大料使用；而塑木则是把塑料颗粒和木纤维复合的一种介于实木和塑料之间的新建材，这些措施都大大节约了自然资源。

2. 能源节约型的空间设计

无论是化石能源还是电能，对能源的节约就是降低碳排放，这不但节约了建筑日常维护费用，更是为应对气候变化作贡献（图9-21）。

建筑是耗能大户，建筑节能技术很多，例如保温墙体和中空玻璃的使用就可以大大降低室内空调能耗，而尽可能多地利用自然采光和使用节能灯具则降低了照明用电。除减少能源使用外，利用可再生自然能，如太阳能、风能、地热能也是节能的新思路，例如太阳能发电或集热的屋面、光伏玻璃幕墙、水源热泵空调系统等。当然最大的节能还是空间设计尽量紧凑，因为空间浪费是最大的能源浪费。近年来国家建设部已经出台了新的建筑强制节能规范，对降低建筑能耗作出了指标性的要求（图9-22）。

图 9-22　三洋公司在日本修建了一个非常精美的太阳能建筑——"太阳方舟"

3. 环境友好型的空间设计

水、大气、土壤是人类赖以生存的物质基础，如何节约用水、减少温室气体排放、减少废弃物对土壤的伤害？这些"减排"的空间设计也是绿色建筑的重要标准。例如现在已广泛使用的建筑屋面雨水收集系统、建筑中水回用系统就是实用的节水系统（图 9-23）；而发展迅速的建筑物立体绿化不但有助于降低温室效应，还降低了建筑能耗，改善了景观，可谓一举多得（图 9-24）！

图 9-23　中水回用示意图

使用无污染、可降解建筑和室内装饰材料也是环境友好型设计的手段。例如室内装饰材料上应避免使用那些在不同程度上散发着有害物质的材料，消除污染性、放射性、致癌性、窒息性等用材，否则隐藏的"装修杀手"会对健康造成很大伤害。

在环境友好型的空间设计中，回归自然的空间设计思想近年来得到越来越多的重视。回归自然不只是体现在就地取材和节能减排上，在美学设计上，设计师尽量让建筑融入环境，与环境相得益彰，成为自然中的人工自然（图 9-25）。

图 9-24　建筑立体绿化系统

四、空间设计技术与艺术的融合

空间创意设计主要研究对象是"人工环境"，但同时也离不开对"自然环境"和"社会历史人文环境"的深入探讨，其目的是为人类创造

图 9-25　泰国普吉岛上的环保售货亭

133

图 9-26　戴高乐机场顶面传达的技术美感

图 9-27　诺曼·福斯特设计的地铁入口采用了冷弯玻璃

图 9-28　诺曼·福斯特设计的德国国会大厦顶楼加建部分融入了很多高科技应用

更加美好的生活空间。空间创意设计要兼顾艺术和技术两个层面，所以空间设计师既是艺术家，又是工程师。既要有丰富想象力，又要有严谨的思维。每一个完美的空间设计都应该体现技术与艺术的高度融合（图 9-26）。

1. 提升空间设计的技术含量

空间设计是系统工程，其中处处体现科技进步。如新材料新工艺的运用、新构造的研究、新设备的采用等，都对设计师的技术素养提出了很高要求（图 9-27）。

虽然空间设计师不需要精通每一种技术，但

如果没有技术领域的知识积累，就很难深化自己的设计创意，与各配套工程师的沟通也会变得艰难。努力提高设计的技术含量是设计师的核心竞争力所在。尤其在绿色建筑和环境互动设计领域，技术已经成为设计的关键因素（图 9-28）。

2. 提升空间设计的艺术表现力

人类使用空间不但要解决基本功能需要，还要追求精神层面的美感，艺术表现力和象征性在越来越多的现代建筑中被重视，为了提升建筑的艺术感染力而牺牲部分功能的案例也比比皆是。例如库哈斯设计的 CCTV 大楼就以独特的艺术形态成为北京新地标，但其高昂的造价和不合理的结构形式也成为争议的焦点（图6-23）。

有艺术感的建筑不再仅仅是建筑，它们已经成为一个城市甚至国家的象征物，人们把它们当成空间雕塑来欣赏和玩味，高迪的浪漫主义建筑、盖里的美式乐观主义建筑、哈迪德的解构主义建筑都是典型实例。

3. 提升空间设计的文化表现力

如何提升空间的人文质量是个复杂的问题，当然满足使用功能依然是空间设计师首要、也是最基本的要求。但满足功能有很多种选择方式，悉尼歌剧院可以做成方的，也可以是圆的，都可以满足听歌剧的需要，但设计师把它设计成扬帆远航的形态，既满足了基本功能，又与悉尼作为港口城市的特点吻合，使其成为悉尼乃至整个澳大利亚的标志（图6-21）。

尊重地域、历史、宗教、民族的文化差异性，在空间设计中传承文脉，体现了文化的可持续性发展。设计必须尊重"神"，即地方文化，它是长期跟自然适应、跟人适应而形成的一整套赋予这块土地的含义。失去地方精神及民族文化的场所让人们不知身在何处，从而失去对

场所的认同感和归属感。在诸如旅游地空间规划设计中，保持独特的地方"文脉"尤为重要（图9-29）。

为了找回那些失落的故事，创造诗意场所。设计师应该像作家和画家一样去体验生活：体验当地人的生活方式和生活习惯，当地人的价值观。只有懂得当地人的生活，才有符合当地人生活的空间设计。同时设计师还要善于聆听故事：故事源于当地人的生活和场所的历史，因此要听未来场所使用者讲述关于足下土地的故事，同时要掘地三尺，阅读关于这块场地的自然及人文历史，不管实物的或是文字的，由此感悟地方精神，一种源于当地的自然过程及人文过程的内在力量，是设计形式背后的动因，也是设计所应表达和体现的场所属性。这样的设计是属于当地人的，属于当地人的生活，当然也是属于当地自然与历史过程的。空间背后有了文脉，才会找到"根"的感觉，才会被外人尊重和接受（图9-30、图9-31）。

真正成功的空间设计传达给人的感受首先是方便舒适的，这是基本功能层面的；其次是美的，这是提高到艺术层次；还有一个更高层次，就是空间传达给人的深层联想，如地方文化、哲学理念。我们姑且把它称为文脉表现，

图9-29　日本建筑师远藤秀平设计的"泡泡筑"游客接待中心位于关西山谷中

图9-30 丽江束河的特色酒吧　　　　　图9-31 云南大理的特色旅馆充满了地方特色

图9-32 设计传达出东方传统文化特征　　　　　图9-33 贝聿铭的苏州博物馆在现代与
传统中寻求到巧妙平衡

这种场所精神可以理解为空间的气质与品位（图9-32）。实质上是能给人心灵以震撼的空间艺术，一种潜在的、无形的场所力量，是空间环境艺术设计的最高境界（图9-33）。那么，空间设计师如何才能达到这样的境界呢？杰出的空间设计师不但要富有创意，表现手法娴熟，而且还要有丰富的文化底蕴和技术素养，最后形成自己的设计哲学来支撑自己的设计实践。

五、课题训练

1. 交互式信息亭设计

应用新科技，完成一个面积6平方米以内的交互式街头信息亭设计。设计包括：前期使用者调研、互动技术分析、空间设计及造型表现（含构思草图、效果图、制图、1:10工作模型）、预算分析和市场推广策略。可安排2～3人小组作业。

2. 三立方低碳空间设计

在3m×3m×3m的空间内，完成一个自定使用功能的低碳绿色空间设计。设计包括：前期使用者调研、节能环保技术分析、空间设计及造型表现（含构思草图、效果图、制图、1:10工作模型）、预算分析和市场推广策略。可安排2～3人小组作业。

参考文献

[1] David Earls. Designing Typefaces.

[2] Web Ddsign. Rockport Publishers,Inc.

[3] Designing Brand Identity. Alina Wheeler.

[4] Smidswater 1970/2005. BIS Publishers.

[5] 国际设计丛书编译委员会.产品设计.北京：中国建筑工业出版社，2005.

[6] 刘旭著.图解室内设计分析.北京：中国建筑工业出版社，2007.

[7] （美）保罗·拉索.图解思考.邱贤丰，刘宇光，郭建青译.北京：中国建筑工业出版社，2002.

[8] 李泽厚著.美的历程.天津：天津社会学院出版社，2001.

[9] （美）克莱尔·库珀·马库斯，卡罗琳·弗朗西斯著.人性场所——城市开放空间设计导则.俞孔坚，孙鹏，王志芳等译.北京：中国建筑工业出版社，2001.

[10]（美）约翰·O·西蒙兹著.景观设计学——场地规划与设计手册.俞孔坚，王志芳，孙鹏译.北京：中国建筑工业出版社，2000.

[11]（丹麦）杨·盖尔著.交往与空间.何人可译.北京：中国建筑工业出版社，1992.

[12]（日）芦原义信著.外部空间设计.尹培桐译.北京：中国建筑工业出版社，1985.

[13]（德）罗夫·杰恩克著.现代建筑画选——建筑模型.周涛，徐庭发等编译.天津：天津科学技术出版社，1992.

后记

　　探索和积累本教材整体内容的时间非常漫长，编写的时间又历经两年，其中有过多的难以用语言来表述的滋味，好在书稿成册的时候都被纯粹的充实感覆盖。

　　《空间与造型》是学生进入三维空间设计类专业学习的入门课程。该课程的设置，是从专业大类培养能力的共有基础入手，引导学生对基本设计元素、设计手法、设计结构的入门性课程。课程目标是把学生从对设计一无所知逐步引导到对专业的认知、感悟、激发、潜力表现、多层表现、主题表现，推进学生一步步认识设计、进入设计、掌握设计的基本内容和设计的塑造手法，提高关注身边设计的热情，获得基本设计方法和个性化操作能力，为学生奠定步入设计师职业的良好工作习惯、方法和职业潜能。

　　本教材共分九章，整体章节内容由我们共同讨论确定，第一章至第四章由张同编写，第五章至第九章由王红江编写。

　　书中的部分图例是教学中的学生作品，有部分作品选自其他相关书刊和网络，由于其中的图片出处难于一一求证标注，在此向相关图片的作者对本教材的支持表示由衷的谢意。

　　由于水平有限，书中难免存在一些值得商讨的问题，我们热忱期待广大师生提出宝贵意见，愿与大家共同探讨和推进该方面课程内容改革的实施。

编者

2009 年 4 月